U0350332

东岸漫步

黄浦江东岸公共空间
贯通开放建设规划

EASTBUND
OPEN SPACE

东岸漫步
黄浦江东岸公共空间
贯通开放建设规划
EASTBUND
OPEN SPACE
上海市黄浦江两岸综合开发浦东新区领导小组办公室
上海市城市规划设计研究院
上海东岸投资（集团）有限公司
主编
同济大学出版社
TONGJI UNIVERSITY PRESS

东岸滨水空间的再生

The Regeneration of the East Bund Waterfront Space

水滋养生命，是万物的本源，是宇宙本质的化身。中国古代将城市的水系称为“龙脉”，称之为充满能量的“气”，中国古代的风水以水为第一要素。“风水之法，得水为上。”《孟子 · 离娄下》中有这么一段话：“源泉混混，不舍昼夜，盈科而后进，放乎四海。”水是人性的象征，水具有人的生命，水是上海的生命源泉。水象征着智慧，“智者乐水”，上海之所以能成为全球城市也得益于这种自然环境。得自然之理，水构成了充满生命和活力的城市空间核心。上海在历史上因水而兴，上海位于水网地带，自明代以来，黄浦江水系繁盛，成为上海的水上大动脉，在 1990 年浦东开发开放后，也成为上海城市空间的核心。城市经历了从工业社会向后工业社会转型的过程，黄浦江滨江带也经历了从工业岸线向公共开放空间的转型。这个转型是城市产业发展和城市空间品质提升的必经之路，与许多国际化大都市的城市空间转型基本上是同步的。

黄浦江两岸滨水空间的发展与上海城市工业化时代的发展定位密切相关，1927 年的“大上海计划”提出“设世界港于上海”，突出上海的国际港口与工商中心地位。1946 年的“大上海都市计划”将上海定为“港埠都市和全国最大的工商业中心之一”。中华人民共和国成立后，强调上海作为国内工业基地的职能，黄浦江两岸滨水空间成为重要的工业化基地，黄浦江也成为重要的运输水道。1959 年版的《上海城市总体规划》将上海的城市性质表述为：“在妥善全面地安排生产和保证人民生活日益增长的需要下，工业进一步向高级、精密、尖端的方向发展，不断提高劳动生产率，使上海在生产、文化、科学、艺术等方面建设成为世界上最先进美丽的城市之一。”1986 年版的《上海市城市总体规划方案》将上海定义为：“我国最重要的工业基地之一，也是我国最大的港口和重要的经济、科技、贸易、金融、信息、文化中心。同时，还应当把上海建设成为太平洋西岸最大的经济贸易中心之一。”1999 版的《上海市城市总体规划》，指出了后工业化时代上海的发展定位：“全国重要的经济中心。把上海建设成为经济繁荣、社会文明、环境优美的国际大都市，国际经济、金融、贸易、航运中心之一”，开始涉及后工业化时代的城市空间问题。2016 年编制完成的《上海市城市总体规划（2016—2040）》将上海的城市性质定义为：“卓越的全球城市，国际经济、金融、贸易、航运、科技创新中心与文化大都市”。由此，黄浦江两岸滨水空间的发展再次提到议事日程上。

1999 年哈佛大学举办了一个主题为“后工业城市的滨水空间”的国际研讨会，参加会议的城市有澳大利亚的悉尼，加拿大的温哥华，古巴的哈瓦那，西班牙的毕尔巴鄂，美国的旧金山、巴尔的摩和波士顿，意大利的威尼斯和热那亚，荷兰的阿姆斯特丹等。上海也在应邀之列，但同时也有与会者质疑，上海是不是后工业城市。当时的黄浦江两岸滨水空间规划正在进入城市空间结构重构的议事日程，黄浦江两岸滨水空间的规划尚未启动。但随后，在城市产业结构重组的带动下，上海加快了黄浦江两岸滨水空间的转型，2001 年举办了黄浦江两岸滨江带规划的国际方案征集。规划将黄浦江两岸共约 22 平方公里的范围中原有的工厂、仓库、码头等转变为公共开放空间。长远规划控制河道长度 42.5 公里，规划控制面积约 74 平方公里。从此，上海的城市空间发展进入新的时代。随后中国 2010 年上海世博会规划布置在黄浦江两岸 5.28 平方公里的土地上，启动了大规模的城市更新和黄浦江两岸滨水空间的更新，对上海的未来发展具有战略性的意义。

2016 年浦东新区启动了黄浦江东岸公共空间贯通规划设计概念方案国际征集，来自荷兰、法国、美国、澳大利亚的规划和景观设计事务所提交了方案，上海市城市规划设计研究院同时也在进行滨江带规划的深化。浦东滨江带的贯通思想推动了黄浦江两岸 45 公里滨江带的贯通，使黄浦江两岸的空间得到缝合，也将使黄浦江滨江带的城市空间成为世界级滨水空间的理想得以实现。

作为黄浦江两岸滨水空间的重要组成部分，全长 22 公里的东岸滨江带公共空间的贯通开放，将是 2000 年以来黄浦江两岸公共开放空间规划的延续和深化，将浦东重要的金融区、商务区、住宅区和文化设施，以及绿化、广场、码头、轮渡站串接起来，东岸的贯通和建设规划融环境和景观、公共空间、公共活动、休闲、慢行交通和防洪为一体，规划作为地标的灯塔更是神来之笔，既具有整体性，又使各个区段具有各自的特征，整合成系统的水景、绿化、植被、街具等，形成东岸特有的城市空间形象。

《东岸漫步》向我们展现了黄浦江的历史，聚焦东岸各个区段的发展史，这同时也是上海的社会、文化和经济的发展史。《东岸漫步》也展示了黄浦江东岸未来发展的美好蓝图，在上海追求卓越的全球城市的建设进程中，黄浦江将成为代表城市精神的河流。黄浦江滨水空间具有上海的特点，也是世界级滨水空间的一个范例，我们对东岸滨江带充满了期待，对黄浦江两岸滨水空间的贯通充满了期待，对卓越的全球城市的滨水空间充满了期待。

滨水空间，让上海更美好。

郑时龄

2017 年 9 月 27 日

百年大计，世纪精品

A Hundred Years, Boutique of the Century

根据上海市城市总体规划和上海市委、市政府的总体部署，黄浦江两岸综合开发始于2000年，经过十多年来的不断努力，黄浦江两岸地区功能、环境得到很大改善和提升，生产岸线已逐步置换为生活岸线，为进一步推进滨江公共空间建设奠定了扎实基础。2015年，上海市发布《黄浦江两岸地区公共空间建设三年行动计划（2015—2017年）》，明确提出两岸滨江公共空间贯通开放将成为黄浦江两岸深度发展、功能提升的重中之重。2017年初，上海市委书记韩正在调研黄浦江两岸公共空间贯通开放工作时强调，“两岸开发，不是大开发而是大开放，开放成群众健身休闲、观光旅游的公共空间，开放成市民的生活岸线”，集中推进黄浦江两岸公共空间贯通，真正让广大市民共享黄浦江两岸开发的成果，让市民重回滨水是建设上海全球城市和黄浦江世界级滨水区的应有之义，核心所在。

根据上海市委、市政府的总体工作要求，2015年10月，浦东新区区委、区政府率先启动黄浦江东岸公共空间贯通开放工作。高水平的规划是实现高品质贯通的前提。2016年2月，由上海市规划和国土资源管理局与浦东新区政府携手，全面启动黄浦江东岸公共空间贯通规划设计工作。在此过程中，按照“开门办规划”的原则，创新性地采用“众创众规”的规划设计模式，由上海市城市规划设计研究院领衔的规划编制团队，荷兰West 8公司、KCAP公司，法国TER 公司，美国Terrain公司和澳大利亚Hassell公司五家国际设计团队，30余家大众和专业媒体，330位来自不同国家的青年设计师，16 000名社会各界人士共同参与了东岸公共空间贯通概念方案国际征集、青年设计师竞赛、社会公众意见调查和规划调整优化等工作。全球视野、国际标准，规划设计充分借鉴了纽约环曼哈顿U形岸线区域整体设计、巴黎塞纳河沿岸城市更新设计等国际优秀案例，发挥优秀设计团队优势，引进滨水开放空间规划建设的国际标准范式、设计理念，用于指导黄浦江东岸公共空间贯通蓝图制订、标准提出的全过程。经过近一年的紧张工作，在以郑时龄院士领衔的专家组指导和上海市城市规划设计研究院院牵头的国内外联合设计团队的共同努力下，形成黄浦江东岸公共空间贯通规划设计蓝图。2016年12月，《浦东新区黄浦江沿岸单元（杨浦大桥至徐浦大桥）控详规划局部调整（暨浦东新区黄浦江滨江开放贯通规划）》编制完成，并通过上海市政府审批同意。该规划是全市率先完成的一张贯通蓝图，是指导项目实施的法定依据和统筹协调黄浦江东岸公共空间贯通开放工作的重要平台。

本次黄浦江东岸贯通的公共空间（杨浦大桥—徐浦大桥段）拥有22公里长的连续岸线，具有独特的历史、自然和资源优势。根据规划，未来的浦江东岸沿线将以“世界级滨水区、市民共舞台和都市森林带”为目标，以“蓝绿交响乐和百姓上河图”为意向，以“都市生活与滨江空间交织互动”为核心理念，以岸线、码头、绿廊作为主要的开放空间载体，以低线亲水道、中线跑步道和高线骑行道三条主线串联沿江重点区域和重要节点，与水上游线及空轨预留线共同构成东岸贯通开放的“五线谱”。同时强化历史风貌保护、工业遗迹、码头遗存和滨江临水的文脉传承，挖掘历史内涵，彰显上海因水而生、因水而兴的历史渊源和独特魅力。结合公众的公共服务需求，水陆联动，统筹规划，全面覆盖和布局具有浦江东岸特色的自然环境、标志景观、运动休闲场所和配套服务设施，增强大众休闲活动和公共活动参与度和便捷性。以杨浦大桥下儿童主题滨江公园为起点，拉开了“东岸漫步”的前奏，文化长廊段（杨浦大桥—浦东南路）、多彩画卷段（浦东南路—东昌路）、艺术生活段（东昌路—白莲泾）、创意博览段（白莲泾—川杨河）、生态休闲段（川杨河—徐浦大桥），共同谱写浦东滨江 22 公里“蓝绿交响”的华彩乐章。

2016 年以来，根据全市统一部署和安排，在市相关委办局、各实施主体和社会各界的群策群力和大力支持下，经过艰苦不懈的努力，东岸贯通工程先后完成了编制规划、打通堵点、细化方案、并联审批、实施组织等一系列动作， 2017 年 3 月进入工程全面实施阶段。2017 年 5 月底前实现贯通开放 10 公里（浦东南路—张家浜段 5 公里、世博后滩段 3 公里、前滩段 2 公里）；9 月底实现贯通开放 15 公里（新增杨浦大桥—浦东南路段 5 公里）；年底前将实现 22 公里全线贯通开放。按照“先贯通，后提升”的总体安排，“通、绿、亮、管、服、用、动、文、品”，多措并举、多式联动、前后一体，浦东滨江公共空间还将不断丰富服务设施、提升各类服务功能、增强文化内涵、强化生态功能，在打造世界一流滨水公共空间的道路上继续前行。

在此，谨以此书向长期关心、关注、支持浦东开发开放，关心、关注支持浦东滨江公共空间贯通开放的社会各界表示真诚的感谢！

目录 CONTENTS

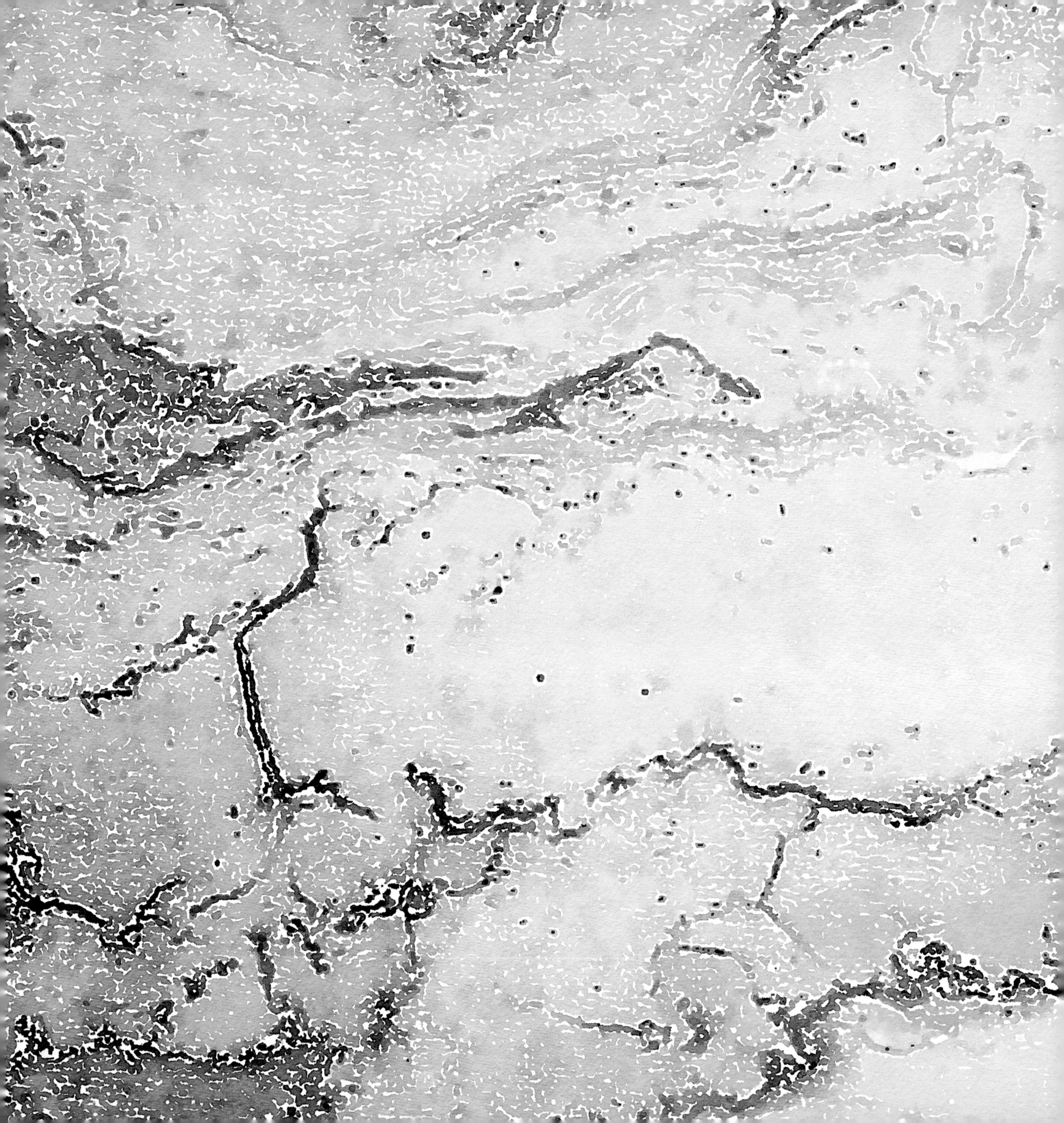

百年浦江 HUANGPU RIVER IN A CENTURY

百年浦江
HUANGPU RIVER IN A CENTURY

自 1843 年上海开埠时起，黄浦江将上海由一个名不见经传的小渔村，带入远东国际化大都市的行列。中华人民共和国成立后，滨江的工厂和码头见证着上海的历史荣耀，记录着上海的沧桑变迁。20 世纪 90 年代后浦东开发开放，黄浦江更是焕发出新的生机。黄浦江畔的变迁史，其实就是一部浓缩的上海经济、社会、文化的发展史。进入新世纪，浦江两岸的综合开发，带领上海朝着现代化国际大都市的目标，迈向新的辉煌。

"上海浦"与"黄浦江"
"Shanghai Tributary"and "Whangpoo River"

上海位于苏南平原的东端，长江入海口的南岸。历史上的上海是江南水乡，河流纵横，水渠密布。吴淞江是太湖流域最大的河流，也是上海地区唯一被称之为“江”的河流（古代上海也有几条称之为“江”的河流，如虬江、青龙江等，它们是吴淞江的旧河道）。近代以后，进入上海的侨民认为吴淞江是来自苏州的河流，把它叫作“Soochow Creek”，后来又被上海人译为“苏州河”。如今，吴淞江流入上海市区的那段仍旧被称为“苏州河”；黄浦江原来叫作“黄浦”，侨民把它叫作“Whangpoo River”，上海人把它译为“黄浦江”。

历史上的吴淞江是太湖流域最大的河流，承担太湖流域的泄洪和蓄水重任。每年雨季，太湖洪峰到来，吴淞江必须及时把洪峰排入大海，否则，太湖流域被淹而成为水乡泽国；旱季，如果吴淞江蓄水不足，又会引起旱灾。所以，古人治理太湖流域水利就是以吴淞江为重点展开的。人们沿吴淞江，每隔 5 到 7 里，疏浚开挖一条吴淞江的大支流，这种河流一律称之为“浦”，使“江”与“浦”形成鱼骨的形状，利用大量的“浦”分担吴淞江的泄洪和蓄水。由于吴淞江基本上呈东西走向，是“横”向的，“浦”是吴淞江的大支流，大多呈南北走向，是“纵”向的，故称之为“纵浦”。历史上见于著录的“纵浦”数以百计，如今上海市境内还有赵屯浦、桃浦、彭浦、杨树浦等许多称之为“浦”的河流或地名，它们都曾经是吴淞江的大支流。即便是“上海”名称的来历，也与历史上的一条叫作“上海浦”的吴淞江大支流有密切的关系。

南宋著名学者范成大《吴郡志·卷十九·水利上》引用北宋水利专家郏亶《吴中水利论》：

吴淞江南岸，有大浦一十八条：小来浦（今小涞港）、盘龙浦（今盘龙塘）、朱市浦、松子浦、野奴浦（今野奴泾）、张整浦、许浦、鱼浦、上燠浦（今上澳塘）、丁湾浦、芦子浦、沪渎浦、钉钩浦、上海浦、下海浦、南及浦、江苧浦（今杨树浦）、烂泥浦。

沧海桑田，北宋距今千年，有的“浦”已经消失，有的“浦”只是河流名称略有变动而已。在吴淞江的最下游处有一条“上海浦”，《弘治上海县志·卷二·山川志·水类》记有：上海浦，在县治东。所谓“县治”就是县衙门所在地，也就是“上海县城”。由此可知，“上海浦”是上海县城东面的河流，就是现在流经上海老城厢的那一段黄浦江。我们无法知道，究竟是“上海浦”以“上海城”得名，还是“上海”以“上海浦”得名，但是，今天的黄浦江下游河道与原来的“上海浦”和“上海城”有密不可分的关系。

上海是冲积成陆的土地，千万年来，长江、吴淞江、钱塘江，奔流直下，注入大海，江水在入海口与大海的潮汐相遇，夹带的泥

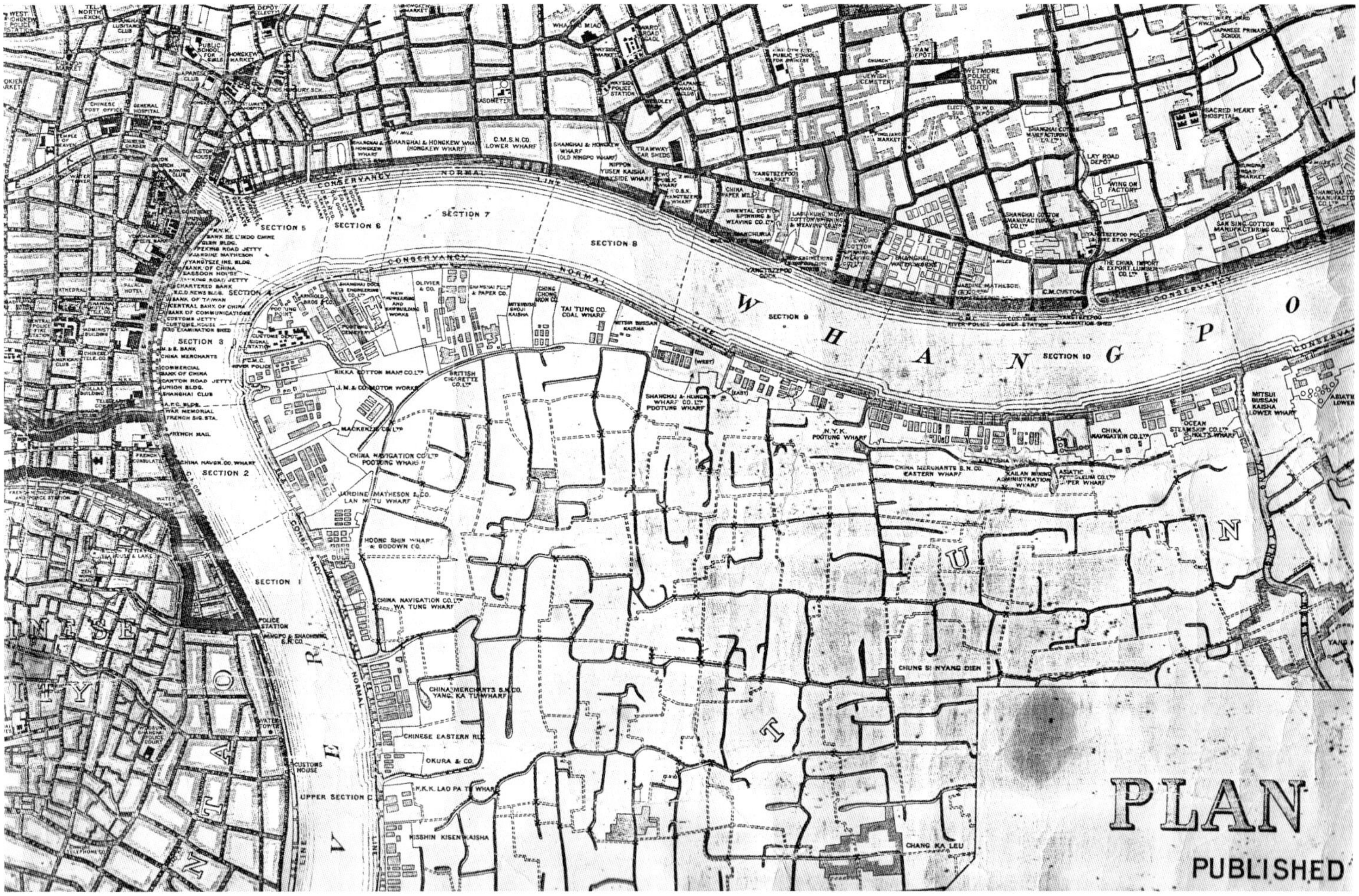

PLAN

PUBLISHED

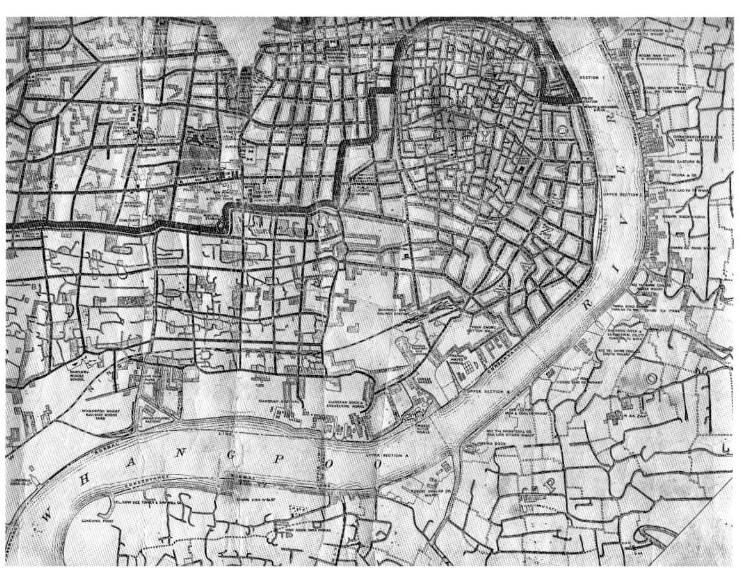

黄浦江历史地图

沙沉淀下来，使海岸线不断向东推进，下游的河道发生变化；南宋迁都临安（今杭州市），大量的北方族群随政府南迁，促进了江南经济的进步、发展和人口增长，但同时也出现耕地不足的困惑。江南是水乡，老百姓只能通过围滩垦地的方式获得土地，围垦滩涂的结果是太湖流域水域面积萎缩，吴淞江的水流量减少。到了枯水季节，江水中的泥沙还没来得及排入大海就沉淀下来，吴淞江河床萎缩，排洪和蓄水能力下降。当太湖洪峰到来时，洪水无法及时排入大海，太湖流域被淹，真的成了水乡泽国。

元朝以前的著录中没有出现“黄浦”的记录。陶宗仪是元末明初的大学问家，其《南村辍耕录 · 卷二十三 · 检田吏》中说，元延祐七年（1320），上海地区发生严重的旱情，农民们纷纷向负责农业的官吏——检田吏哭诉，检田吏用诗歌的形式记录下来，诗歌很长，其中：

> 谁知六月至七月，雨水绝无湖又竭。
> 欲求一点半点水，却比农夫眼中血。
> 滔滔黄浦如沟渠，农家争水如争珠。
> 数车相接接不到，稻田一旦成沙涂。
> ……

这是“黄浦”最早的记录。显然，这条“黄浦”江面不宽，蓄水量不大，枯水季节，黄浦水只剩下一线沟渠，许多辆水车相接，

1890 年的浦东陆家嘴

1875 年苏州河北岸虹口（北外滩）

也难以把水抽上岸。明朝初年，上海曾经编撰过《洪武上海县志》，但是，这部志没有流传下来。明《弘治上海县志》在叙述“黄浦”时引用了《洪武上海县志》中的一段话：“（元朝）至元、大德间，（黄）浦面阔尽（仅）一矢之力。泰定中，建闸于旁。近上流势缓，沙积两湄，遂成沙涂。居民因莳葭苇，浅狭过半。”元朝时，黄浦已经发育壮大，黄浦江从淀山湖发源后，东流直下，在现在的浦东新区与奉贤区相接处的“闸港”继续向东，直接注入大海，“闸港”就是以原来的黄浦江的水闸而得名。这条黄浦水面不宽，人们在黄浦入海口建立一座水闸，使黄浦的水流量减缓，两岸形成滩涂，老百姓在滩涂上种植芦苇，使刚发育壮大的黄浦淤塞严重。

明朝初年，太湖流域水利到了非治不可的地步。《弘治上海县志》说：“范家浦，在县东北，旧名范家浜，洪武间，吴淞江淤塞，潮汐不通。永乐元年，华亭人叶宗行上言疏浚通海，引流直接黄浦，阔三十余丈，遂以浦名。”明永乐年间，水利大臣夏元吉采纳了上海绅士叶宗行所谓“江浦合流”的建议。“江浦合流”的基本方针是拓宽、挖深黄浦，疏浚、延长原来吴淞江下游的大支流——上海浦，使它与原来的黄浦江在“闸港”处相接，成为新的黄浦江下游河道，引黄浦江改道向北流，再与一条叫作“范家浜”的河流相汇，引黄浦在吴淞口汇入长江，注入大海。所谓的“吴淞口”就是以原来吴淞江的入海口而得名。也就是说，现在“闸港”以下到陆家嘴的那段黄浦江，大致上就是原来的上海浦。另外，放弃吴淞江下游河道，在现在的江桥处，开挖一条吴淞江新的下游河道，引吴淞江水东流，在现在的外白渡桥处并入新的黄浦江。自此以后，黄浦江从原来的吴淞江的支流变成主流河道，而吴淞江则从主流变成黄浦江的支流，这就是所谓的“江浦合流”。被废弃的吴淞江下游则被叫作“旧吴淞江”，省称“旧江”。在方言中，“旧”与“虬”谐音，讹作“虬江”。也有人认为，由于吴淞江下游淤塞严重，太湖洪峰没有出口，在下游横冲直撞，冲出无数弯弯曲曲的河道，使吴淞江下游水道“弯曲如虬”（虬，是传说中弯弯曲曲的龙），于是被叫作“虬江”。现在普陀区有西虬江，静安区和虹口区有虬江路，杨浦区有东虬江，大致上就是原来的吴淞江古道。

“江浦合流”后，吴淞江和黄浦江并举成为上海最大和最主要的河流。吴淞江从太湖发源后，东流直下，注入大海，流经上海市区后，把上海划分为“浜南”和“浜北”；黄浦江从淀山湖发源后，一路向东，在流经闵行后，改向东北流，把上海划分为“浦西”和“浦东”——“浦西”与“浦东”是以黄浦江为基点形成的地名，“浦西”指黄浦江西岸的地区；“浦东”指黄浦江东岸的地区。地名不能无限制的延展，所以，狭义上的“浦西”和“浦东”指靠近黄浦江的西岸和东岸的滨江之地，而广义上的“浦西”和“浦东”可以指黄浦江的西岸和东岸的一大片地区。“浦东新区”是行政区地名，行政区有明确的界线，所以，今日的“浦东”也可以指浦东新区全境。

1913 年黄浦江浦东远望花园桥与北外滩

黄浦江与上海港

Huangpu River and Shanghai Port

“江浦合流”后，黄浦江成为流经上海最大的河流。它流经闵行后改向东北流，河道曲折多弯，民谚有“黄浦十八弯，湾湾见龙华”之说。根据上海地名用语习惯，当河流发生转弯时，河岸内凹的地方称之为“湾”，河岸外凸处形似动物的嘴或角，称之为“嘴”或“角”。

清代浦东人秦荣光有《上海县竹枝词》：

> 浦流西自语儿泾，东尽陆家嘴汇渟。
> 记里中长逾六十，黄龙蟠屈一条形。

大意是，黄浦江从语儿泾至陆家嘴的那段在上海县境内，长约60里，河流曲曲弯弯犹如一条蟠龙。作者原注：黄浦流经闵行后，“经周家嘴直折北，迳闸港、杜家行（即杜行）、周浦塘（周浦）、吴店塘，折东北为曹家嘴；三里至薛家嘴；东北六里，为夏家嘴；北折六里，为鳗鲡嘴；东折六里，为龙华嘴；北折六里，为高昌嘴；抱城旋湾，西北流九里，折东为陆家嘴。实共六十四里”。当时在上海县境内的黄浦江沿岸至少有周家嘴、曹家嘴、薛家嘴、夏家嘴、鳗鲡嘴、龙华嘴、高昌嘴、陆家嘴等地名，而如今，许多“嘴”的地名已经堙没，只有“陆家嘴”扬名全国乃至世界。今天杨浦区有一条周家嘴路，它的北端在军工路黄浦江边。这里原来叫作“邹家嘴”，讹作“周家嘴”，周家嘴路就是以此得名。因为它在当时的宝山县境内，所以秦荣光没有把它收入《上海县竹枝词》内。

黄浦江直通大海，是“潮汐河”，有明显的潮涨潮落现象。通常落差在 3 米左右，极限可以达到 5 米以上。古代，黄浦江没有人工堤岸，涨潮时，江水泛滥到岸边；落潮时，江水回落到江心，沿岸露出绵延百米的滩涂。于是，也有不少称之为“滩”的地名。《上海县竹枝词》中：

> 龙华铺面阔无涯，清水西来刷底沙。
> 城外两滩填狭半，舟行倍险众惊哗。

作者原注：“浦面最阔，在龙华嘴迤南一带。莫狭于近城两岸，不及半里许，故舟行过此汛难。”根据上海地名用语习惯，以河流作为方位，河流的上游称之为“里”，下游称之为“外”。黄浦江流经龙华后，即将进入城厢镇，流过陆家浜（今黄浦区陆家浜路，近南浦大桥），逼近上海老城厢。于是，上海人把龙华至陆家浜之间的那段黄浦江称为“里黄浦”，陆家浜至吴淞江的那段黄浦江称为“外黄浦”。浦西的滩地就叫作“里黄浦滩”“外黄浦滩”，简称“里滩”和“外滩”。进入近代，外滩被划入

浦东水系（宣磊提供）

英租界和法租界，于是分别叫作“英租界外滩”（The Bund，今中山东一路）、“法兰西外滩”（Quai de France，今中山东二路）。外国人还把老城厢那一段的“外滩”叫作“Chinese Bund”，就是现在的“外马路”一带。龙华嘴以西的黄浦江，江面较宽，水流平缓，而老城厢附近的里滩和外滩集中了许多码头堆栈，商家为了争夺岸线，建设码头、堆栈，使里滩和外滩的黄浦江面变窄，因而水流湍急。所以“城外两岸填狭半，舟行倍险众惊哗”意指船行驶到里滩和外滩时，这里水流湍急，一定要格外小心，否则可能会发生翻船事故。而浦东的滩地则被叫作“东滩”“西滩”“后滩”以及“钱家滩”等。

1368年，朱元璋登基做了大明王朝的开国皇帝后，调集精兵强将镇压反对他做皇帝的农民军，被击溃的农民军只得向边境和沿海逃窜。为了继续镇压和围剿农民军，朱元璋下达极为严厉的“海禁”令，禁止在中国近海开展航运和贸易，中国沿海的港口城市立即衰落。“海禁”政策持续整个明朝和清初达300年之久。清康熙二十二年（1683），清军收复台湾，标志沿海反清武装全部被肃清。两年后，康熙皇帝颁布“弛海禁”令，结束了中国长期实行的海上禁运政策。

以前，中国以长江口为界，以北的洋面称之为“北洋”，以南的洋面称之为“南洋”。清朝官制中的“北洋水师”和“南洋水师”，“北洋通商大臣”和“北洋通商大臣”就是以此确定的。北洋依托的陆地是华北平原，千万年来，夹带着大量泥沙的黄河注入大海后，泥沙沉淀下来，形成绵延几十里甚至百里的滩涂。涨潮时，滩涂被海水淹没；退潮时，滩涂露出水面，只有上海和山东制造的一种平底浅船——沙船和卫船可以在北洋航行。南洋依托的陆地是闽浙的丘陵和山地，沿海多悬崖、岛礁，水深浪激，只有闽浙地区制造的深水船能够在这里乘风破浪。

上海位于北洋与南洋之间的长江口南岸，有黄浦江这样的天

1913年虹口北外滩全景

然航道和良港。于是，从北方南运的货物必须进上海港卸货后，改装南方的深水船后才能继续南下；从南方北运的货物，也必须进上海港，改装沙船或卫船后才能继续北上。优越的地理位置和黄浦江这样的天然良港，使上海理所当然成为中国近海航运的枢纽地和南北运输的集散地与重要的贸易市场。这里人口稠密、商业繁华、茶楼酒肆鳞次栉比，是灯红酒绿、莺歌燕舞的声色之地。清嘉庆上海人施润诗曰：

一城烟火半东南，粉壁红楼树色参。
美酒羹肴常夜旲，华灯歌舞最春三。

上海一半的灯火集中在老城厢东南角的黄浦江边。与浦西的繁华相比较，浦东的滨江之地显得冷清、安静多了。

1902 年浦东陆家嘴看虹口北外滩

轮船招商局虹口中栈码头

1940 年虹口码头码头全景

人民之江
River for the People

1843 年上海开埠，成为中国主要的对外口岸，拉开了近代上海城市发展的帷幕。随着西方工业文明的涌入，造船、纺织、发电厂、水厂等近代工业在黄浦江畔相继兴起，逐渐形成杨树浦和沪南两大滨水工业区，成为中国近代工业的发源地。贸易和工商业的繁荣进一步促进了黄浦江航运功能的快速发展，江中百舸争流，江畔实业兴盛，带动了城市发展，奠定了中心城区的空间格局。

中华人民共和国成立之后，黄浦江在上海国民经济中依旧发挥着不可替代的作用。在经历了新中国成立之初的调整后，黄浦江两岸的港区和老工业基地不断发展壮大，迎来了蓬勃的鼎盛期，对于确立上海作为中国经济中心城市的地位作出了不可磨灭的贡献。同时，黄浦江对于上海独特地域文化的形成和演变具有极其重要的意义。正是黄浦江的开放和包容，形成上海人口的结构参差、文化的多元并存、本土文化和外来文化的充分融合，促成了海派文化的开放性、国际化的精神传统。

改革开放后，上海逐步融入全球经济一体化轨道。20 世纪 80 年代虹桥经济技术开发区和漕河泾新兴技术开发区的建设、90 年代浦东的开发开放，都标志着上海经济发展方式的巨大变革。1990 年以来，伴随着上海产业结构转型、城市布局调整和国际航运发展，黄浦江沿岸原先以工业和码头仓储为主的功能布局已不再适应时代的需求，面临调整和升级。传统工业如纺织厂和机械制造厂在衰退没落后逐步迁离黄浦江畔；而内港也由于受水深条件限制，不能适应国际航运业船舶大型化和集装箱化的发展趋势而面临外迁。

正是在这样的历史背景下，抓住产业升级和城市转型的机遇，将浦江沿岸从交通运输、仓储码头、工业企业为主，转变为以金融贸易、文化旅游、生态居住为主，尽快实现由工业生产型向综合服务型岸线的蜕变，成为全社会的共识和呼声。

2002 年 1 月，上海市委、市政府向海内外宣布了启动黄浦江两岸综合开发的重大决策，并遵循“百年大计、世纪精品”的原则，高标准开发、高质量建设。这是上海面向未来的一项世纪决策，对上海城市发展具有重要而深远的意义。一方面，开发浦江能够提升城市能级，加速经济、金融、航运、贸易“四个中心”建设；另一方面，浦江开发也将完善基础设施建设、提高公共空间质量、全面改善浦江沿线的环境面貌，满足民生需求，实现“还江于民”。黄浦江两岸综合开发以《黄浦江两岸地区规划优化方案》（2001 年 8 月）为指导，提出地区发展的总体目标：结合黄浦江两岸用地调整和功能开发，改善地区自然生态环境，开辟活跃的公共活动岸线，创造具有强烈都市特征的滨水景观，形成水与绿的南北向滨江景观带和休闲旅游带，使黄浦江成为“人民之江”。

黄浦江的发展历程符合国际大都市滨水区发展的共同规律。黄浦江两岸公共空间的综合开发，顺应时代发展，紧紧围绕“还江于民”的目标，体现“以人为本、尊重自然、传承历史、绿色低碳”原则，推进城市功能转换和提升，建设体现上海城市精神的核心场所和世界级滨水区，成为展示上海形象的重要窗口、城市功能的集中载体，建成真正意义的“人民之江”。在后工业时代，黄浦江将焕发青春，再造辉煌。

20 世纪 30 年代外滩全景

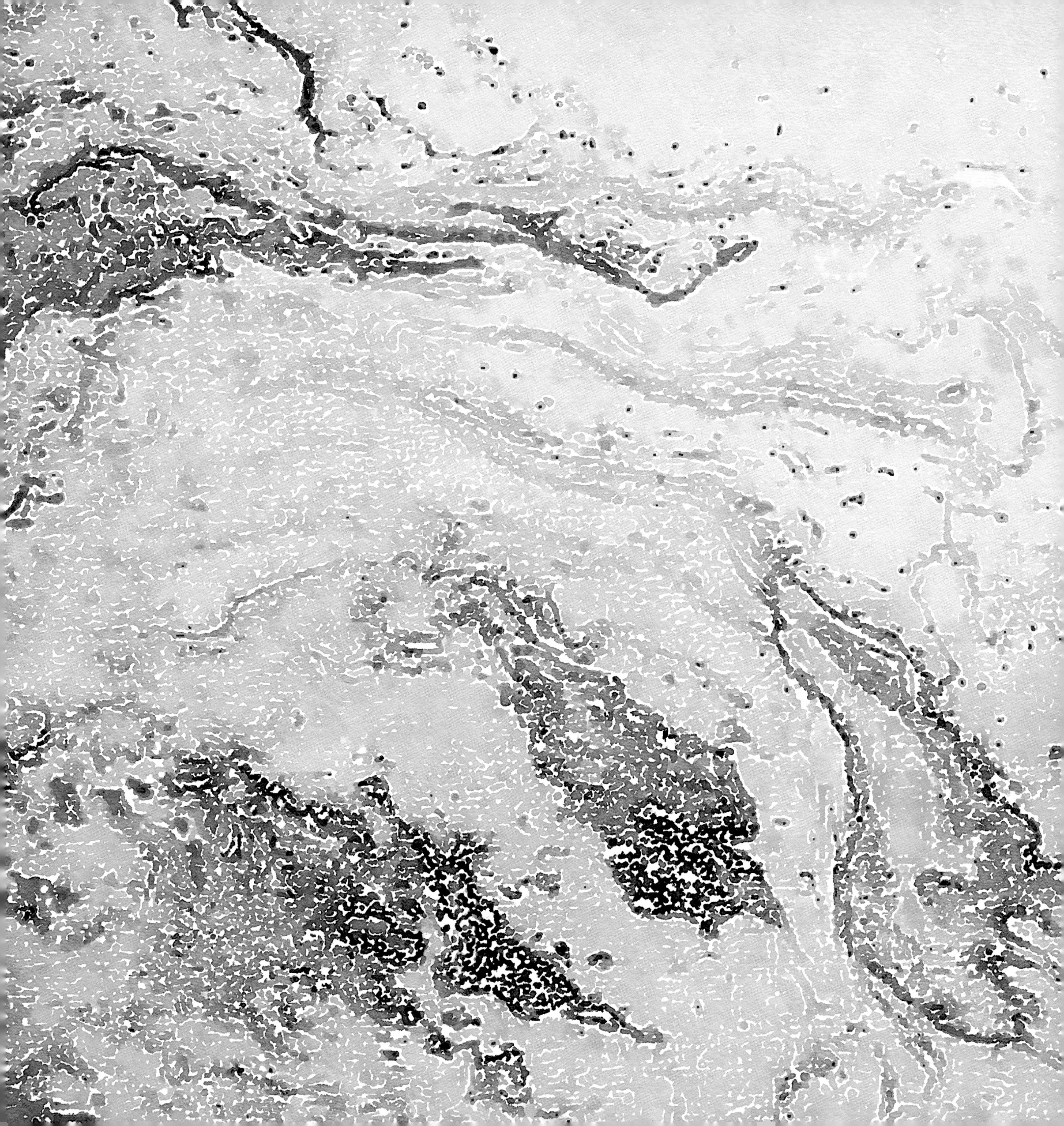

印象东岸 IMPRESSION OF THE EAST BUND

印象东岸

IMPRESSION OF THE EAST BUND

位于浦东新区的黄浦江东岸，其历史发展见证了浦东新区由城郊乡镇变为城市中心区的历程，其开发开放更是引领了上海的城市空间和产业结构的重构，黄浦江滨江带开始从工业化时代的生产岸线转型为公共开放空间。浦江东岸在产业调整的背景下提升转型，将为黄浦江带来新的生命，使黄浦江成为城市空间的核心。黄浦江东岸公共空间贯通规划设计，将是 2000 年以来黄浦江两岸公共开放空间规划的延续和深化实施，成为城市历史的又一个空间标志。

规划范围
Planning Area

黄浦江两岸规划相关研究自 2001 年开始，历经十余年，研究范围随工作深入而逐渐拓展。2001 年 8 月编制完成的《黄浦江两岸地区规划优化方案》，研究范围为卢浦大桥至翔殷路、五洲大道，后称为黄浦江中心段。随后又开展《黄浦江北延伸段结构规划》和《黄浦江南延伸段结构规划》，研究范围由原来的中心段分别向南、北拓展，从徐浦大桥至吴淞口，分为黄浦江南延伸段、中心段和北延伸段。为了黄浦江干流和上游主要支流沿岸地区的可持续发展，进一步促进上海城市生态、活力、健康的发展，2010 年 9 月编制《黄浦江上游及下游滨水区控制范围研究》，对黄浦江全流域进行生态控制和建设引导，其研究范围为从淀山湖口至吴淞口的全流域区域，以徐浦大桥为界分为上游段与下游段。

本次黄浦江东岸公共空间贯通规划设计的范围属于淀山湖口至吴淞口的全流域的下游区域，也是核心区域。规划范围涵盖浦东滨江地区至腹地的第一界面的区域，北起杨浦大桥，南至徐浦大桥，西邻黄浦江，东至浦东大道—滨江大道—富城路—滨江大道—规划一路—世博大道—耀龙路—耀江路—耀龙路—泳耀路—前滩大道—沿江路。岸线长度约 22 公里，规划范围总面积 3.5 平方公里，研究范围总面积达 25 平方公里。规划范围从北至南涵盖杨浦大桥滨江绿地、洋泾绿地、民生艺术港、新华绿地、船厂滨江绿地、陆家嘴北滨江、陆家嘴南滨江、东昌绿地、老白渡绿地、北栈绿地、中栈绿地、船坞绿地、南栈绿地、南码头绿地、白莲泾公园、世博公园、后滩公园、耀华绿地、前滩国际友城公园、前滩休闲公园、上中路绿地、三林滨江绿地等区域。

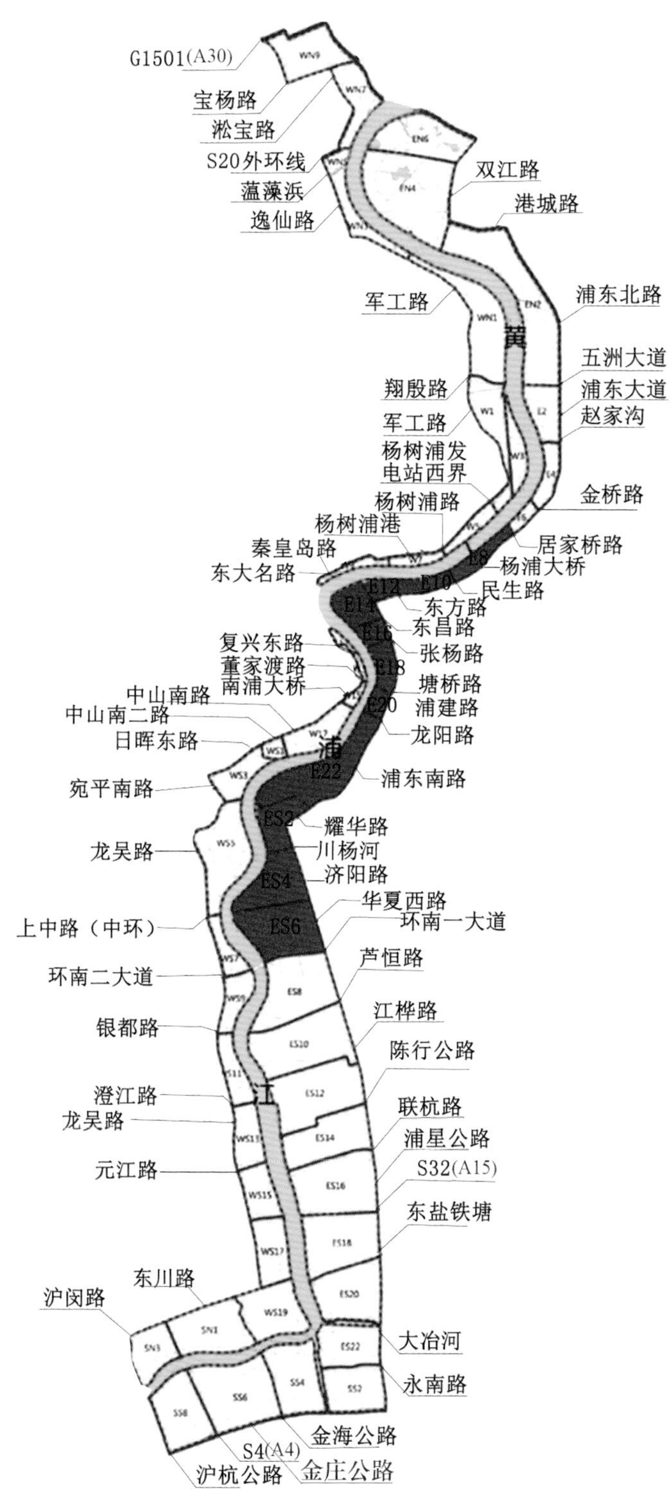

浦江东岸区位图

历史溯源
History of the East Bund

19 世纪中叶到 20 世纪末，由于独特的地理区位和广阔的空间场地优势，黄浦江东岸一直是码头、堆栈、仓储等选址的理想之地，也是船舶修造等大型工厂的最佳选择。曾经在此设立过工厂的著名公司包括英美烟公司、祥生船厂、耶松船厂、旗昌轮船公司、瑞镕船厂（如今的上海船厂的前身）、和兴铁厂等。

歇浦路

歇浦路、洋泾港地处黄浦江下游，这里自古就是中国海运文化的发源地，这里的海运事业最早可追溯到元代时期高桥人张瑄造船。到鸦片战争之前，通江达海又具有悠久航运历史的浦江两岸，已成为重要的沙船业基地、长江入海口的航运中心。而黄浦江东岸的东外滩，清嘉庆道光年间形成闻名于沪的“八长渡”，渡口地区沙船密布，商贾云集。

1843 年上海开埠，外国大型资本公司纷纷在黄浦江畔开设码头、货栈和仓库，亚细亚火油公司便是其中之一。亚细亚火油栈始建于光绪三十三年（1907），是英国壳牌石油公司的子公司，曾在 20 世纪初与美国美孚石油公司垄断了中国石油市场，而如今歇浦路 8 号曾是亚细亚火油公司在上海的三处堆栈之一。

亚细亚火油公司对于上海近代史具有重要的历史研究和文化记忆价值。反映了当时帝国主义通过石油等垄断资源排挤华商企业，打印民族资本，压榨中国老百姓汗水，进而加深了上海的半殖民地化程度。20 世纪 80 年代，歇浦路 8 号业主为上海百联（集团）公司，为解决职工住房困难，公司将总面积 348 平方米的旧仓库改建成 12 间简易住宅，住进了 12 户人家。岁月更迭，12 户变成 16 户、47 口人。在没有修通杨浦大桥之前，歇宁线是当时横渡黄浦江的重要航线，而渡口更是市民重要的城市记忆。歇浦路轮渡入口对面有一颗挺拔茂盛的老枫杨，树龄在 100 年以上。古树、渡口和歇浦路 8 号的办公楼，这些要素共同形成重要的城市环境历史风貌，也是 30 年前这一带市民的集体回忆。

歇浦路 8 号原亚细亚火油栈从始建到现今，经历了近代历史所有的重要时期，包括外国资本垄断中国市场时期、抗日战争时期、新中国成立后经济曲折发展时期和改革开放后的经济发展时期。这些历史发生在上海，代表着繁荣的上海近代航运发展史、曲折的上海近代社会发展史，也正是中国近代经济发展史的缩影。

其昌栈

“其昌栈”这一地名的由来与 19 世纪的“旗昌轮船”有关。旗昌洋行（Russell & Co.）是 1818 年由美国人沙墨尔· 罗塞尔（Samuel Russell） 在广州创办的。许多广州“十三行”的买办都是该行的大股东，使它在较短的时期里就发展成为大商行。1843 年上海开埠后，将总部迁入上海外滩，并在上海创办旗昌轮船公司（Shanghai Steam Navigation Co., Ltd.，今人另译为“上海轮船公司”），于 1862 年正式开业，主营中国近海和长江航运，是外商在华创办最早、规模最大的航运集团公司。早期的旗昌轮船公司的业绩是不错的，而且他们捷足先登占据了黄浦江很长的岸线，建了多处码头、仓库、堆栈。

1872 年英商太古洋行创办了太古轮船公司（China Coast Steam Navigation Co.），1881 年英商怡和洋行创办怡和轮船公司（Indo-China Steam Navigation Co., Ltd.），使上海航运业成三足鼎立之势。最终，由于轮船质量和竞争激烈的原因，运费下降，而成本不断上涨，使旗昌轮船公司难以维持，并于 1876 年宣告破产清理。洋行的全部码头、轮船以及其他设施全部被中国轮船招商局收购。其中浦东的金东方码头和金永盛码头改称为“招商局华栈码头”，就是后来的“新华码头”，这里一带俗称“旗昌栈”或“其昌栈”，今“钱仓街”原名“其昌栈大街”，就是因原来的旗昌轮船公司码头得名。

民生码头

建于一百多年前的民生路码头（时为英商蓝烟囱码头）是当年亚洲最大的码头之一。蓝烟囱码头前身为建于 19 世纪 90 年代的瑞记洋油栈码头。1908 年被英商蓝烟囱轮船公司（Blue Funnel Shipping Line）购买，托英商太古洋行建造轮船码头并代为经营管理。1910 年建成一、二号泊位。太古洋行于 1883 年在香港创办“太古车糖公司”（Taikoo Sugar Refining Co., Ltd.，“车”就是机器生产的意思），利用中国南方出产的甘蔗和澳大利亚生产的糖浆生产各种砂糖，垄断和操控中国的食糖市场。中国人把砂糖叫作“太古糖”，就是由此而来。大量的“太古糖”从香港运到上海，太古洋行在浦东建立“太古糖”的专用码头和堆栈、仓库以及办公室。1912—1916 年又建成三、四号泊位，可同时停靠 4 艘万吨级远洋船、为当时上海港内设备最先进的码头。

1941 年 12 月 7 日“太平洋战争”爆发后，浦东的蓝烟囱轮船码头、太古洋行“太古糖”专用码头被日军强占。1945 年抗日战争胜利后由民国政府接管，归轮船招商局使用。中华人民共和国成立后，借相邻的民生路地名改称“民生路码头”，1986 年，与相邻的洋泾港码头（原三井码头）等合并为“民生装卸公司”。

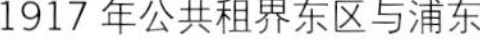

1917 年公共租界东区与浦东

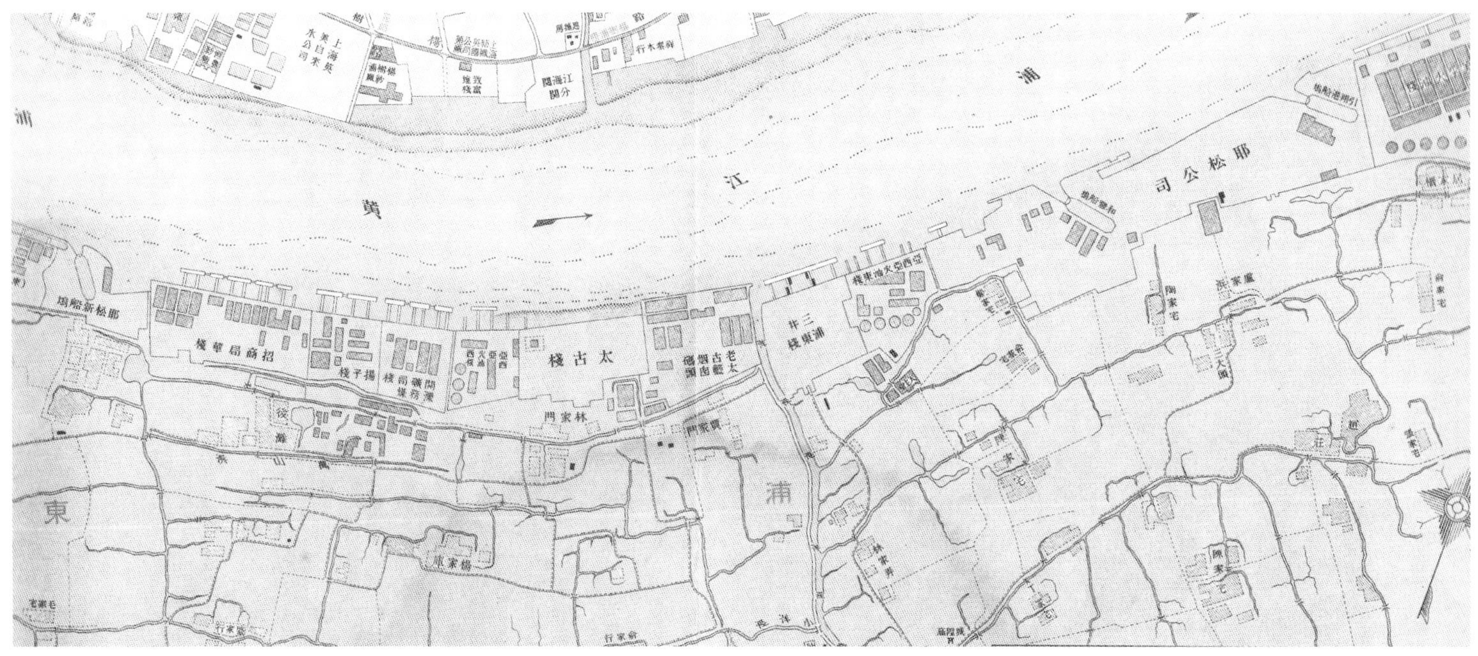

此后在周恩来总理的关怀下，上海港务局于 1975 年在民生码头建造了容积为 5.1 万立方米的大型圆筒仓，实现了散粮作业机械化，民生码头成为重要的粮食集散地。

陆家嘴

黄浦江流经外滩时，在浦东形成一个大大的“嘴”——著名的“陆家嘴”，而这个“陆家嘴”得名于曾经居住在这里的名门望族——陆深家族。

陆深（1477—1544），著名诗文家、书法家。字子渊，号俨山，旧志说他“幼有器识”。弘治十四年（1501），24 岁的陆深夺取江南乡试第一名，四年后又以“二甲第一名”的成绩金榜题名，被赐“进士及第”，是历年来上海籍人士中考试成绩最好的一位。

陆深被选为庶吉士，授翰林院编修。当时，太监刘瑾当道，把许多翰林院官吏外放，陆深也被调任南京主事。一直到正德五年（1510），刘瑾被诛，陆深才重新回到翰林院，以后任国子监司业。正德十六年（1521），陆深 45 岁，他的父亲逝世，依旧例在任的官吏必须辞官回家，守孝三年（实际为 27 个月，称之为“丁艰”）。于是，陆深回到上海浦东老家，建造了自己的私家花园，取名为“后乐园”，取自北宋学者范仲淹的名句“先天下之忧而忧，后天下之乐而乐”。也许，已近“知天命”之年的陆深无意官场，打算退归林下了。

明嘉靖八年（1529），“延臣文章荐之，起祭酒，充讲筵”。因陆深知识渊博，被朝廷召回后担任“国子监祭酒”，相当于后来的“大学院院长”，还充当给皇帝讲课的老师。后因批评和攻击宠臣桂萼，被贬谪为福建延平府同知，后被调任山西提学副使。此后陆深多次调任，担任过江西布政使右参政、陕西右布政使；一度召回朝廷，任光禄寺卿，詹事府詹事；还一度掌翰林院印。大约在嘉靖十八年（1539），62 岁的陆深正式致仕归里，在“后乐园”度过晚年。嘉靖二十三年（1544），68 岁的陆深逝世，葬浦东陆家嘴祖茔。

嘉靖皇帝得知陆深死讯，追封陆深为礼部右侍郎，谥“文裕”，以“一品”礼遇厚葬。陆深的祖茔就在陆家嘴，占地面积约 40 亩。1970 年挖防空洞时，陆深墓被挖，出土的文物今藏于上海博物馆。

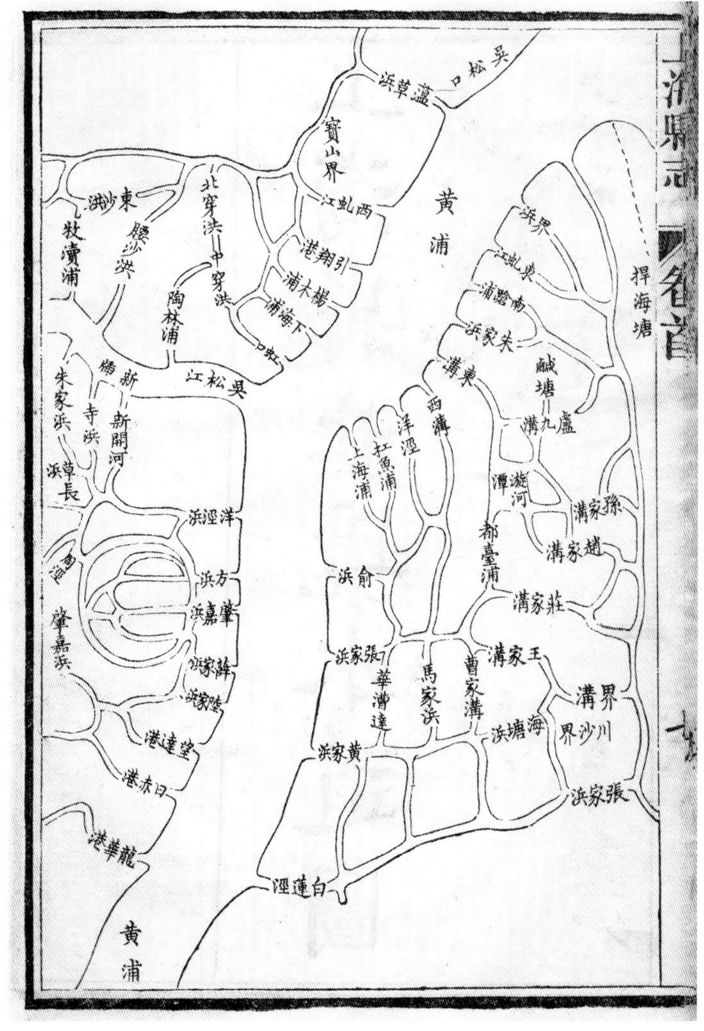

清《同治上海县志》中的“上海浦”

鸦片战争后的 1860 年，在沪传教士成立了一个不分国籍、不论宗派的“基督教海员布道会”，购进一条报废的三桅船，停泊在浦东陆家嘴，为海员提供宗教服务。不少海员经历了半年多的海上漂泊，进港后健康状况欠佳，严重者在上海离世。布道会得到上海政府的准许，在陆家嘴购置土地，建立海员医院和海员墓地，为外国人占据浦东滨江土地开先例。墓地里的“圣墓堂”（Seaman's Church）由建筑师奥利佛（E. H. Oliver）设计，后毁于 20 世纪。1957 年，连同墓地以及附近的土地建成占地面积约 150 亩的“浦东公园”。部分墓地被保留，建成“外国人墓地”（俗称“浦东外国坟山”），20 世纪末，在此建设“东方明珠”。

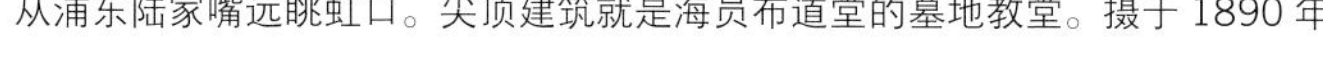

从浦东陆家嘴远眺虹口。尖顶建筑就是海员布道堂的墓地教堂。摄于 1890 年

南栈、中栈和北栈

1878 年中国“开滦矿务局”在如今的耀华区段成立。1881 年全面投产，年生产煤炭 3.8 万吨；1898 年增加至 73 万吨。1900 年，开滦煤矿向英国注册，成为中英合资公司，煤炭的年产量不断上升。

刘鸿生（1888—1956），浙江定海（今舟山）人，生于上海，肄业于圣约翰大学，入工部局任翻译。1909 年，在开滦煤矿上海办事处任“跑街先生”（就是现在所谓的“业务员”），1912 年升为买办。他深入江浙农村，动员各地的砖瓦窑改用煤炭为燃料。同时，他潜心研究，把煤炭轧成粉末，添加黄泥，制成煤球，

1918 年《上海城市租界分图》中的陆家嘴滨江企业、码头分布

日本日清轮船公司（Nisshin Kisen Kaisha）浦东张家浜码头

延长了煤炭的燃烧时间，使煤球成为城市居民日常生活的主要燃料。此后，刘鸿生建立“开滦售品处暨开滦码头经理处”（Kailan Sales & Wharf Agencies），包揽开滦煤矿南运，以及储存、销售等业务，成为中国的“煤炭大王”。

大量的煤炭通过水上运输进入上海。煤炭运输过程中会产生扬尘，对城市环境造成严重的危害。浦东的码头远离上海市区，于是，许多煤炭专用码头集中在浦东。刘鸿生创办的“义泰兴”在浦东建立专用码头和堆栈，根据方位分别称其为“义泰兴南栈”“中栈”和“北栈”，这些地名至今仍在使用。

白莲泾

转白莲泾是黄浦江的支流，也是通往南汇的河流，流经三林塘。据刻于南宋淳祐十年（1250）的《积善教寺记碑》记载，南宋绍兴戊寅（1158），有一位叫作“净”的和尚来到这里，得到当地人的捐赠，建立“积善寺”。僧净曾经做了一个梦，梦见积善寺的佛堂前开出七朵洁白的莲花，到了嘉定初年（1208），积善寺得到附近永定寺的七座古佛。于是，积善寺决定重建佛堂大殿，把七座古佛供在那里。这七座佛像印证了大和尚梦见七朵莲花的征兆，于是，新建的大殿叫作“白莲堂”。这个佛教故事不胫而走，成为家喻户晓的宗教传说，积善寺和白莲堂的知名度迅速上升。于是，寺边的一条河流被叫作“白莲泾”（上海地名习惯，一般把细而长的河流叫作“泾”）。清川沙人沈鑫（1736—1795）作《白莲泾晚渡》曰：

一叶舟如驶，萧萧荻秋洲。
潮喷寒月夜，树簇海天秋。
击揖添吟兴，衔杯破客愁。
谁今川上水，日夕向东流。

大来洋行（The Robert Dollar Co.）是一家美国贸易及航运公司，创办于1906年，总部在旧金山。1919年，大来洋行在浦东白莲泾口建码头——“大来码头”（Robert Dollar Wharf）。1941年12月“太平洋战争”爆发后，“大来码头”被日伪政权接管。长期作为堆放石灰、泥沙等建筑材料的码头，尘土飞扬，遮天蔽地。借上海世博会之东风，如今这里已经建设成为白莲泾公园。

轮船招商局虹口中栈码头

刘鸿生先生肖像

義泰興南棧浦東董家渡

Nee Tai Shing Wharves

(Tungkadoo, Pootung)

Chung Hwa Whf. Co., gen. mgrs.

North and South Wharves
Tel Pootung 131, 132, 168

Hopkins, Capt. J. M., whf. mgr.
Lieu, Jason T., whf. compr.

After office hours, Sundays and holidays:
Manager's res.:
Tel 132 Pootung
Compradore's res.:
Tel 131 Pootung
Nee Tai Shing North Wharf:
Tel 168 Pootung

义泰兴南栈历史资料

開灤售品處暨開灤碼頭經理處

Kailan Sales & Wharf Agencies

Distributors of Kailan Coal, Coke and Ceramics to the Chinese Market

33 Szechuen-rd
Tel 15253 TA 3497

Kailan Mining Administration, partners
Lieu Ong Sung, partner
Lieu, O. S., joint mgr.
Wang, T. S., ,, ,,

Agents for—
Yao Hua Mechanical Glass Co., Ld.

Managers of—
Pootung and Za Whei Kong Wharves

开滦售品处暨开滦码头经理处

耀华

约20世纪20年代，中英合资成立“耀华玻璃制造公司”（Yao Hua Mechanical Glass Co., Ltd.），在北戴河建立耀华玻璃制造厂。刘鸿生的“开滦售品处暨开滦码头经理处”代理“耀华”的玻璃运输、仓储和销售业务，在浦东建立“耀华”玻璃仓储和销售机构。1946年，上海耀华玻璃厂在此建立，是中国最大的平板玻璃制造厂。1983年，与中国建材技术装备总公司、英国皮尔金顿国际控股公司共同投资组成耀华皮尔金顿玻璃有限公司。1993年改制为耀华皮尔金顿股份有限公司，并在上海证券交易所上市。目前，耀华玻璃厂的部分厂址作为工业遗产被列入保护单位。

三林塘

明《弘治上海县志》载：

三林塘镇，在二十四保。去县东南十八里。虽非古镇，而民物丰懋，商贾鳞集，且俗好儒，彬彬多文学之士，它镇莫及焉。

三林塘早在明朝弘治以前已经成市。清上海浦东人秦荣光《上海县竹枝词》："三林庄，相传昔有大姓林，分居东、西、中三处，故有东林、中林、西林之名。天一图，有宋隐士林乐耕翁墓，即大姓始祖也。元于此设三林庄巡检司，明嘉靖后，移驻周浦。"大概在宋朝时，有一位叫作林乐耕的福建人率家族迁居三林塘地区，林家人丁兴旺，后代分为几支，沿河居住，分别叫作东林、中林、西林，合称"三林"，这条河流又被叫作"三林塘"，后来形成镇市，就叫作"三林塘镇"。清雍正二年（1724）析上海县东南浦东之地置南汇县，三林塘成为上海县东南最边缘的地区，保存较多的民族风情。三林塘也曾经是上海农副产品的保障基地，有很高的知名度。

捡拾浦东的历史遗珠，如同听一位老人细数沧桑的过往。从家族的世居旺地与民居村落，到近代航运、工业的兴盛之地，浦江东岸走过岁月变迁，遗留下星星点点的木石痕迹。如今，又经历过内河航运工业衰落的瓶颈，浦东在陆家嘴金融业和世博片区会展业的兴起中看到了未来的希望，其滨江空间的整饬利用也需要迎头赶上。黄浦江两岸地区综合开发，给浦江东岸的复兴带来新的契机。

浦东永兴洋行（Olivier-Chine, S. A.）的码头、仓储和打包厂

陆家嘴的市轮渡

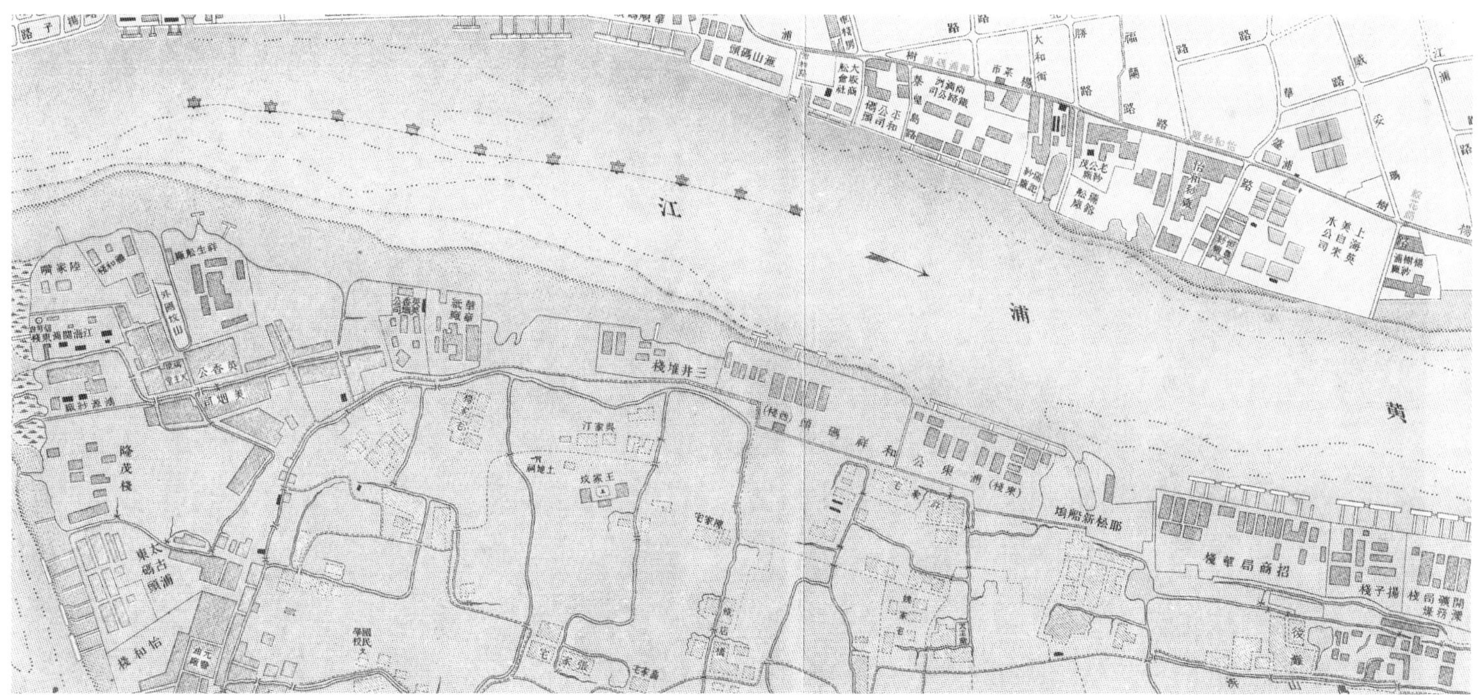

浦东沿江货栈

转型机遇

Transformation and Opportunities of the East Bund

工业时代，黄浦江创造了上海现代城市发展史上的辉煌。两岸地区密集分布的码头、工厂、仓库推动上海成为中国最重要的江海枢纽港和制造业基地。到了 20 世纪 90 年，全球化趋势下的城市经济转型加速了两岸地区产业结构的调整，而航运船舶大型化、集装箱化的发展趋势则推动了黄浦江两岸港口空间布局的改变，浦江两岸功能重塑和综合开发成为城市发展战略的必然选择。

自 2002 年启动黄浦江两岸地区综合开发以来，浦东地区的产业转型步伐加快，滨江环境明显改善，基础设施日趋完善，综合开发取得了突出的成绩：一是初步形成以现代服务业为主的沿江产业集聚带；二是初步形成集旅游、文化于一体的休闲功能体系；三是初步形成交通便捷、保障有力的基础设施体系；四是初步取得生态环境修复与公共环境提升成效；五是初步形成国际化大都市的新景观和新地标。

近些年，《黄浦江两岸地区公共空间建设三年行动计划（2015—2017 年）》和《黄浦江东岸慢行步道贯通三年行动计划（2016—2018 年）》的提出，标志着黄浦江沿线开发进入了新的发展阶段，也意味着浦东滨江转型升级迎来新的历史机遇。

浦江东岸有着得天独厚的自然和人文优势，22 公里连续的水岸线可以形成整体统一的滨江活动带，是打造世界级滨水区不可多得的空间资源；工业时期遗留的成片高桩码头，为滨江游览提供了舒朗开阔的观江视野和轻松怡人的亲水环境；作为金融中心和商贸中心的陆家嘴地区，鳞次栉比的高楼勾勒出城市的天际线，发达的商业、服务业为滨江区域提供了源源不断的人流；建成公园中延绵的城市绿地和近岸浅滩的滩涂湿地，为鸟类、鱼虾和小型哺乳动物营造了多样化的生境空间； 2010 年上海世博会中建成的公共建筑和公园绿地，已成为公众日常休闲游览的活动场所，而其中的展会活动、节事庆典则带动了浦江东岸的产业转型，商业、旅游、会展、文化等相关产业正取代原有的工业、航运业成为浦东新区的发展重点。

在生产岸线向生活岸线转型的过程中，浦东滨江区域存在的诸多问题备受关注。

其一，滨江区域断点、堵点多，缺乏连续顺畅的滨水步道系统。浦江东岸滨江原本多为工业园区，封闭的工厂阻断了滨水道路；码头、轮渡等公共建筑在方便船舶进出的同时，造成滨水区域的断裂；自然河道与运河河口由于未曾架设人行桥梁，需要游客绕行至市政桥梁通过。

其二，缺乏一个适合人体尺度、拥有舒适环境的滨水空间。浦江东岸的滨江公共空间大多由原有工厂、码头搬迁后腾出，工厂园区往往尺度较大，缺乏良好的景观设计和空间布置，不符合人性化要求。这些过于空旷、平坦的场地，给人以无趣与不安全感，无法提供良好的空间体验。

其三，地铁、公交和轮渡缺乏有效衔接，可达性较差。现状滨江区域的公共交通资源分布不均，地铁站点均位于腹地，地面公交呈现“北多南少”的局面，水上轮渡的使用率不高。可达性不足降低了人们前往的意愿，滨水空间也难以成为人们聚集的有活力的场所。

其四，滨江公共空间文化内涵和公共服务配套有待进一步提升。建成的部分公园绿地缺乏特色，没能体现东岸文化特质，公共活动不足，难以激发公共空间活力。由于缺乏必要的适应现代生活要求的公共服务配套设施，人们较难长时间驻足其间。

基于上述问题，贯通和提升成为本轮黄浦江东岸公共空间转型发展的主题。即通过连通断点，打通堵点实现空间上的连续，继而优化功能，提升环境品质和文化内涵，使之成为城市生活的“客厅”和文化集聚空间。

2017 年 7 月杨浦大桥滨江区域与民生码头滨江区域现状航拍

2017 年 7 月新华滨江区域现状航拍

2017 年 7 月船厂滨江区域现状航拍

2017 年 7 月小陆家嘴滨江区域现状航拍

2017 年 7 月南码头滨江区域现状航拍

2017 年 7 月世博滨江区域现状航拍

2017 年 7 月前滩及原捷东水泥厂区域现状航拍

2017 年 7 月三林及徐浦大滨江桥滨江区域现状航拍

总体目标
General Objectives

每一个追求卓越的全球城市，都有一条代表城市精神的河流。黄浦江这条母亲河凝聚着上海近代城市发展的历史，是人们重拾记忆、感受和展望城市情怀与魅力的最佳场所。《黄浦江两岸地区发展“十二五”规划》提出“延续城市文脉，营造城市特色”的发展目标，为浦江开发注入文化内涵。城市文明的发展，要重视黄浦江历史文脉的保护，在保护具有历史文化价值的历史遗存基础上，挖掘、延续和发扬上海的文化精神，让世人从黄浦江认识上海，通过公共空间塑造城市精神与理念，延续历史与未来的城市魅力。

城市精神的体现，除了历史文化的延续传承，也包括城市综合竞争力的持续提升。黄浦江曾经见证了工业化时代上海的发展，在城市功能空间结构中占有举足轻重的地位。进入新世纪，在全球发展高度融合、经济竞争日益激烈的新时期，上海这个曾经的工业城市已经步入以服务业为中心的后工业化时代，城市产业结构的调整升级逐步加速，为上海建设“四个中心”和现代化国际大都市提供战略性产业支撑。

2016 年 9 月，上海市委书记韩正在黄浦江两岸贯通工作调研时强调，两岸开发不是大开发而是大开放，始终坚持“百年大计、世纪精品”的原则，进一步研究推动黄浦江两岸内涵挖掘与功能提升，把黄浦江两岸建设成为服务于市民健身休闲、观光旅游的公共空间和生活岸线。黄浦江两岸综合开发与公共空间贯通将重塑两岸地区的功能，对原有工厂、仓库、码头进行搬迁改造，积极发展金融贸易、航运、旅游、文化等现代服务功能，推广复合化的功能布局。

到 2017 年年底，浦江两岸将基本实现从杨浦大桥到徐浦大

“百年大计、世纪精品”
“两岸开发不是大开发而是大开放”
“服务于市民健身休闲、观光旅游的公共空间和生活岸线”
“围绕品质、文化内涵、功能提升扎实推进”

桥共45公里公共空间的贯通开放。根据上海市委、市政府推进黄浦江两岸综合开发和开放空间建设工作的总体要求，浦东新区人民政府组织编制了《黄浦江东岸慢行步道贯通三年行动计划（2016—2018年）》，提出在三年的时间内完成浦东新区黄浦江东岸22公里的全线贯通，构建“一带、多点、多楔”的滨江绿地空间结构。其中，“一带”指从杨浦大桥至徐浦大桥的滨江绿化带；“多点”指滨江绿带上重要绿化、广场节点；“多楔”指多条连接滨江与腹地的楔状绿地。至2017年底，杨浦大桥至徐浦大桥浦东滨江段22公里慢行通道、滨水休憩步道全面贯通，沿江绿地基本建成；2018年底，通过特色主题演绎及文化项目建设，初步形成亮点凸显、功能各异的五个区段，进一步提升商务环境水平，提升市民生活品质，成为浦东人民的后花园。

“一带、多点、多楔”的滨江绿地空间结构，要求打开封闭的江岸，连通滨江断点和堵点，改善滨水可达性、亲水性，让人们近水、见水、亲水。同时，通过提升城市生活环境品质，建设便捷智慧的公共服务设施，组织丰富多彩的市民活动，使浦江东岸成为富有活力的开放连贯的公共活动岸线。

作为浦东新区十大改革创新举措之一和浦东新区“十三五”重点项目，黄浦江东岸公共空间贯通需要挑起“排头兵中的排头兵、先行者中的先行者”的重担，发挥示范引领作用，兑现“还江于民”的承诺。通过组织社会各界广泛参与，凝聚全球广大设计师创意智慧，严格按照相关法律法规要求，坚持高起点、高标准、高质量的建设要求，让绿色重返浦江，让人们回归自然，使浦江东岸成为绵延的城市亲水活力带。

众绘东岸 OPEN DESIGN
AND PLANNING

众绘东岸
OPEN DESIGN AND PLANNING

公众参与——再把黄浦江唤醒
Public Participation — Revive the Bund

国际方案征集——画张新美的画卷
Global Wisdom — A Brand-New Bund

青年设计师竞赛——到江边散步去
Open Design Competition — Promenade along the River

黄浦江东岸贯通项目秉承“开门办规划”的原则，同步开展公众咨询、青年设计师竞赛与国际方案征集，把握市民意愿，吸收先进理念，体现创新思维，共绘一张蓝图。

黄浦江，上海的母亲河，蜿蜒不息见证着上海城市发展的印迹，时至今日，黄浦江沿岸的生产性功能逐步让位于生活性功能。为更好地实现“还江于民”的目标，体现公共空间功能提升与市民需求相协调的理念，黄浦江东岸公共空间贯通规划设计立足于“开门规划、众创众规、集思广益、广泛参与”，围绕“通、绿、亮”这个主题，突出并确定“东岸漫步”慢行三线的理念。

黄浦江东岸公共空间贯通设计工作从概念方案国际征集、社会公众参与和平行设计三个维度同步展开，多方参与，合作研究，共同描绘一张蓝图。

概念方案国际征集面向全球，体现高度。征集活动吸引了全球众多知名国际设计团队的目光。来自荷兰、法国、澳大利亚、美国等国际设计团队参与了此次征集，West 8、TER、Terrain、KCAP、Hassell 这五家国际设计团队提交了各具特色、富有创意的设计方案。

社会公众参与主要面向中青年设计师和社会公众，体现广度。包括线上线下问卷调查和青年设计师国际竞赛两个方面，共收回 19 382 份有效问卷，收到来自国内外高校和设计团队的 89 份参赛作品，涉及青年设计师人数达到 330 人。

平行设计面向实施与运营，体现深度。由上海市城市规划设计研究院牵头，与国内和国外机构组成联合设计团队开展方案设计，充分吸纳概念方案国际征集、社会公众参与和青年设计师竞赛的工作成果，形成黄浦江东岸公共空间贯通规划设计的体系成果。在概念方案国际征集和社会公众参与的基础上，结合专家建议和公众意愿，形成黄浦江东岸公共贯通规划设计的基本要求：体现公共、生活、生态、连续、可达、安全、智慧、人文、可识别的特征，逐步实现景观、交通、锻炼、社交以及教育五个功能，努力打造成为上海一道靓丽风景线。

公众参与 —— 再把黄浦江唤醒
Public Participation — Revive the Bund

黄浦江东岸公共空间贯通规划设计公众参与“面向大众人群、线上线下结合”，一方面，通过组织线下问卷调研和座谈会，聚焦东岸沿线开放绿地，广泛听取滨江游客、周边居民及工作人群的意见和建议；另一方面，充分发挥线上网络平台的力量，通过微信、微博、网页、手机 app 等多渠道宣传推广，收集广大网民对黄浦江东岸公共空间贯通规划设计的意见。

在参与方式上，实现移动端的在线公众参与——以往的公众参与平台往往基于线下反馈和 PC 端，而此次众创众规工作则是顺应移动互联时代的特点，前期通过“东岸漫步”APP 的开发上线，将传统的规划设计通过生动而又可视的动画和小程序进行展示，把东岸漫步作为联系政府、社区、居民的平台，发布信息，提供帮助，方便人们的使用和参与，扩大公众参与的扩散面和影响力。

在表现形式上，从“规划方案公示”转向“群体智慧众筹”，不仅让公众“写”，更让公众“画”——将公众调查问卷通过线上线下渠道进行多方位多角度的市民意见征询，通过国际方案征集、青年设计师竞赛让专业团队和热心市民把对东岸的美好未来以方案和图纸的形式充分表达。

在组织方式上，线上线下同步——在宣传上，线下通过“SEA-Hi! 论坛”、社区访谈、竞赛组织机构，线上通过“上海发布”“全心全意”“上海城市规划”“上海 2040”结合新民晚报数字版等新媒体同步进行推广。

在平台应用上，充分体现以人为本的原则，对公众需求的分析，体现了城市规划的以人为本；同时平台收集的大数据资料与传统的规划分析相结合，对规划决策起到良好的辅助作用。

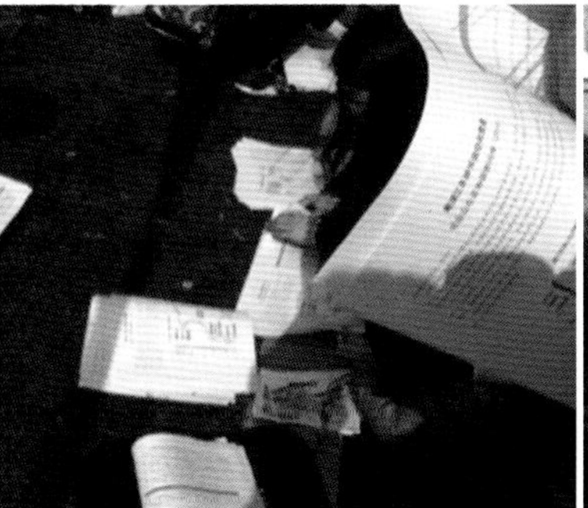

用手机扫问卷链接二维码完整填写问卷，或登录http://eastbundwalking.susas.com.cn网站，在线问卷填写。更多详情，请下载“东岸漫步”APP

Scan QR code or log on http://eastbundwalking.susas.com.cn to fill in the questionnaires. Download APP "Wandering along the East Bund " for details.

主　办:
上海市规划和国土资源管理局
上海市浦东新区人民政府

Sponsored by:
Shanghai Municipal Bureau of Planning and Land Resources
The People's Government of Pudong New Area of Shanghai

承　办:
上海市黄浦江两岸综合开发浦东新区领导小组办公室
上海城市公共空间设计促进中心
上海城市设计联盟
浦东新区规划和土地管理局
上海东岸投资（集团）有限公司

Organized by:
Shanghai Municipal Leading Group for Development of Huangpu River Banks Pudong New Area Office
Shanghai Design & Promotion Center for Urban Public Space
Shanghai Urban Design Alliance
Pudong New Area Planning and Land Authority
Shanghai East Bund Investment（Group）Co., Ltd.

贯通公众意见征询现场

参与特点

面向大众人群 充分发挥线上力量

调查问卷共收回 19 382 份问卷，其中线上问卷为 16 294 份，占问卷总数的 84%。

找准目标人群线下针对性对接

发动黄浦江沿线 7 个街道社区居委会，召开座谈会且针对性地向沿线居民发放调查问卷，收回问卷 1 812 份；组织青年志愿者在陆家嘴滨江段、世博滨江段及同济大学现场发放问卷，收回 1 276 份。

从问卷调研的结果来看，人们希望未来的浦江东岸增加亲水、近水体验、营造丰富多样场所、增强人文艺术氛围和提升空间环境品质。

- 锁定**黄浦江沿线**，找准目标人群，线下针对性对接
- 发动沿线**7**个街道社区居委会，召开座谈会且针对性地向沿线居民发放调查问卷，收回问卷**1 812**份；
- 组织青年志愿者在陆家嘴滨江段、世博滨江段及同济大学现场发放问卷，收回约**1 276**份。

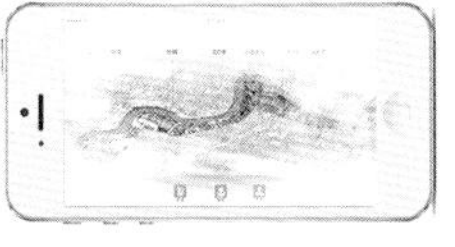

- 多渠道宣传推广
- 供收回问卷**16 294**份

线上公众参与和宣传工作

问卷设计

问卷从“基本信息”“活动空间”“交通方式”“服务设施需求”“环境、文化”五个方面进行问题设置，有 30 个选择题和 1 个开放题。

游憩活动伴侣调研

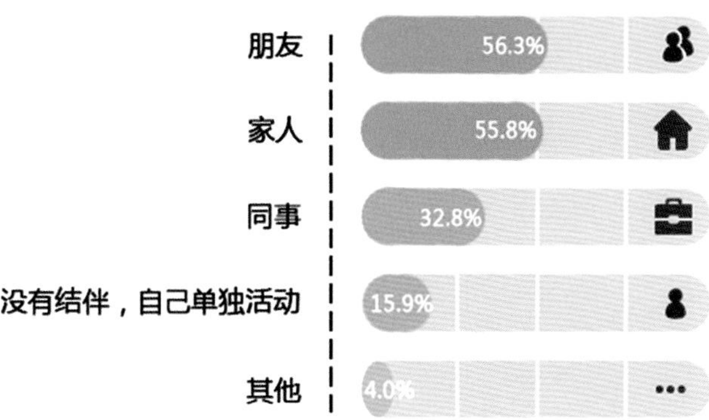

不同年龄层的需求

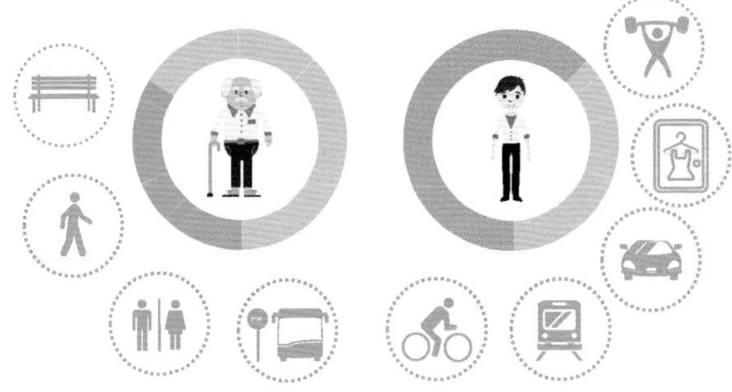

特定人群的需求

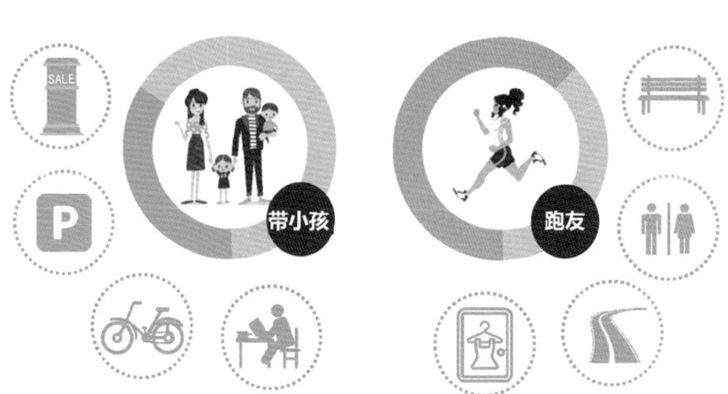

不同职业人群每周至少去东岸一次的频率

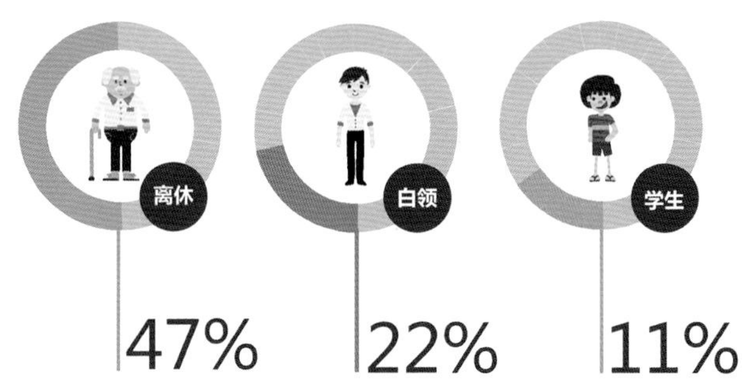

不同职业人群的喜爱区段与喜爱运动

问卷结果分析

调研结果

空间活动情况

人们最喜欢东岸哪里？小陆家嘴滨江段的选择比例明显最高，紧随其后的是世博滨江段、上海船厂滨江段和老白渡滨江段。

为什么选择这些地区？我们发现“环境优美”是影响大家选择的最为重要原因，而其他原因还包括：“活动内容比较丰富”“离家较近”“有人文气息”。

当人们被问到在浦江东岸会参与什么活动时，“拍照摄影”“带小孩”“宠物遛弯”等休闲活动被首选。此外，散步、跑步、骑行等健身活动、观光活动和餐饮等娱乐消遣活动也较多被选择，包括志愿者活动在内的其他社会活动也会选择在此发生。而上述活动集中体现为家庭成员和朋友同事的交流，个人单独活动的较少。

对于未来活动空间的布局，人们最希望增加绿地和滨水步道，也希望能够有跑道、自行车道、健身运动场进行健身。

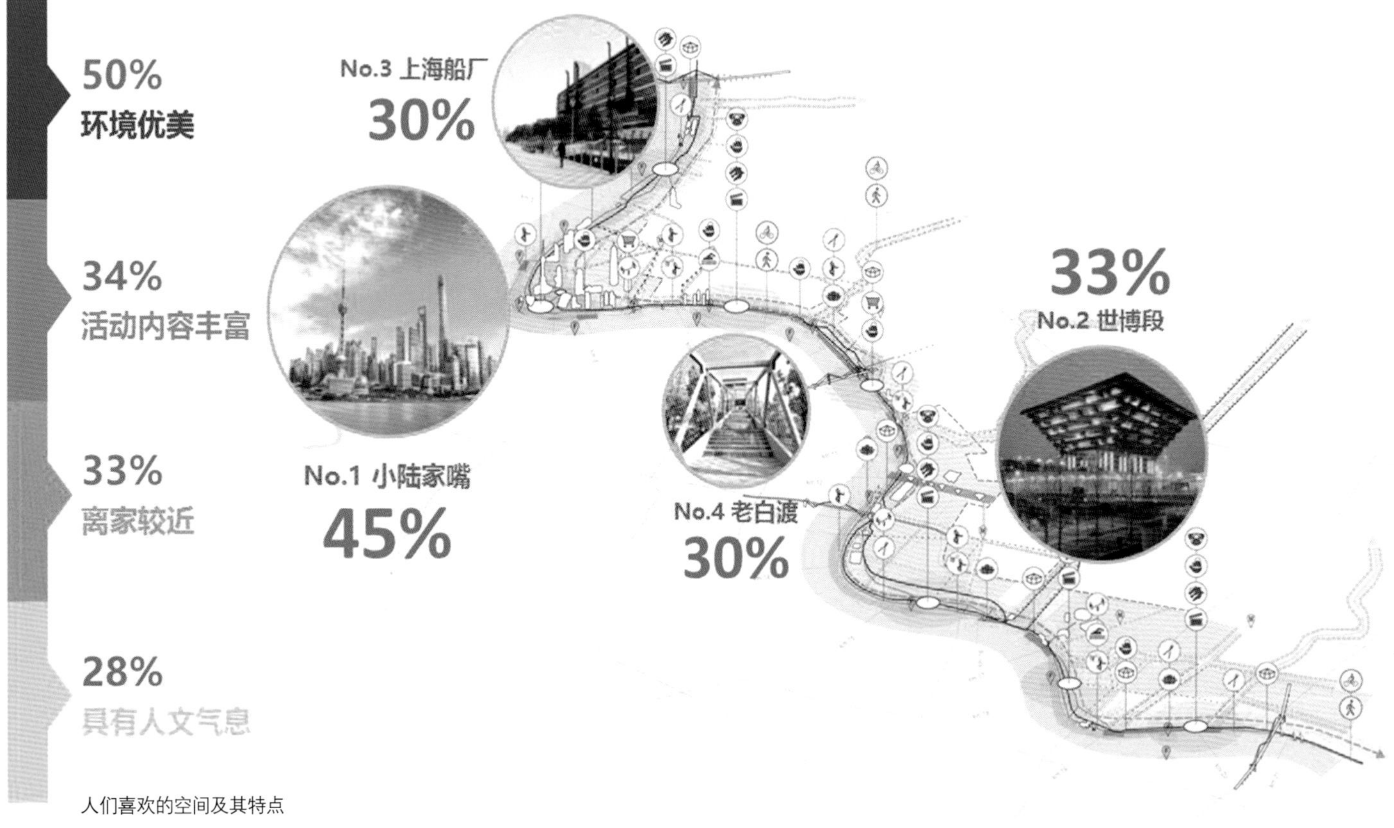

人们喜欢的空间及其特点

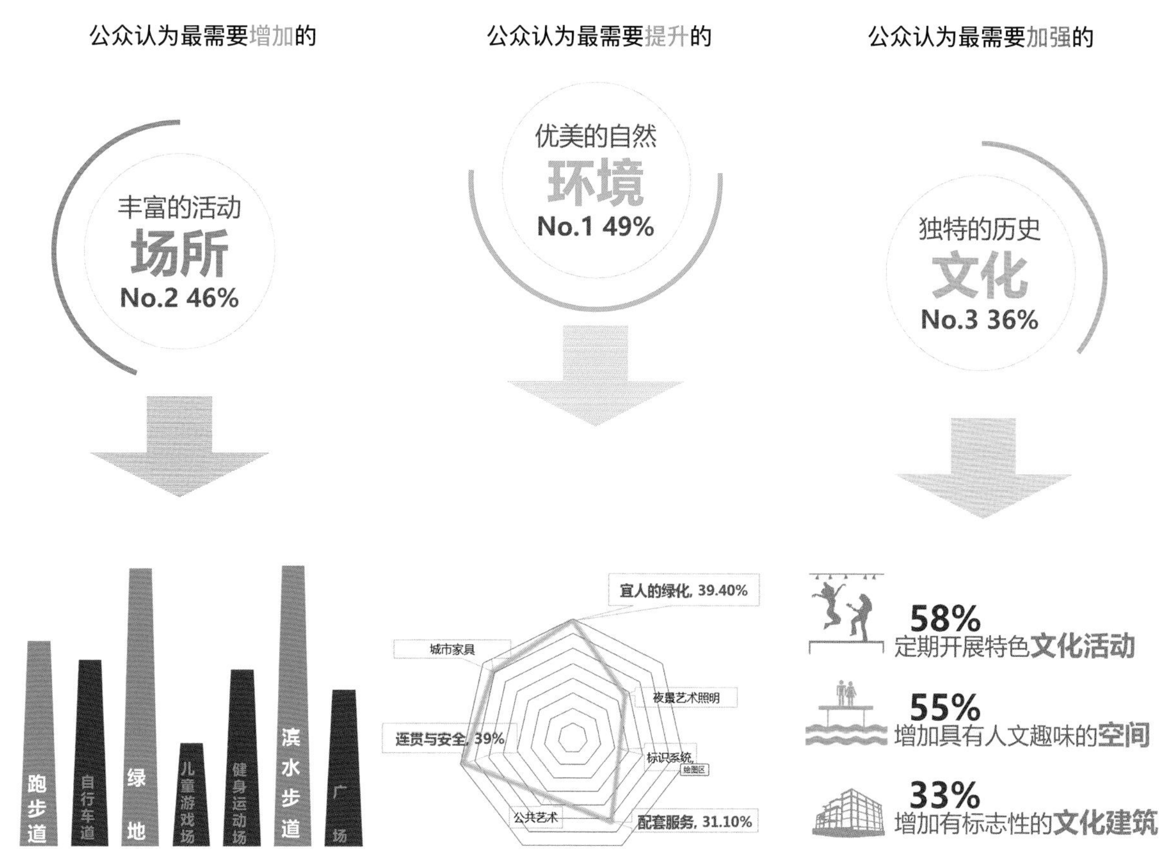
公众认为最需要增加的
公众认为最需要提升的
公众认为最需要加强的
丰富的活动
场所
No.2 46%
优美的自然
环境
No.1 49%
独特的历史
文化
No.3 36%
跑步道
自行车道
绿地
儿童游戏场
健身运动场
滨水步道
广场
宜人的绿化, 39.40%
城市家具
夜景艺术照明
连贯与安全, 39%
标识系统
公共艺术
配套服务, 31.10%
58%
定期开展特色文化活动
55%
增加具有人文趣味的空间
33%
增加有标志性的文化建筑

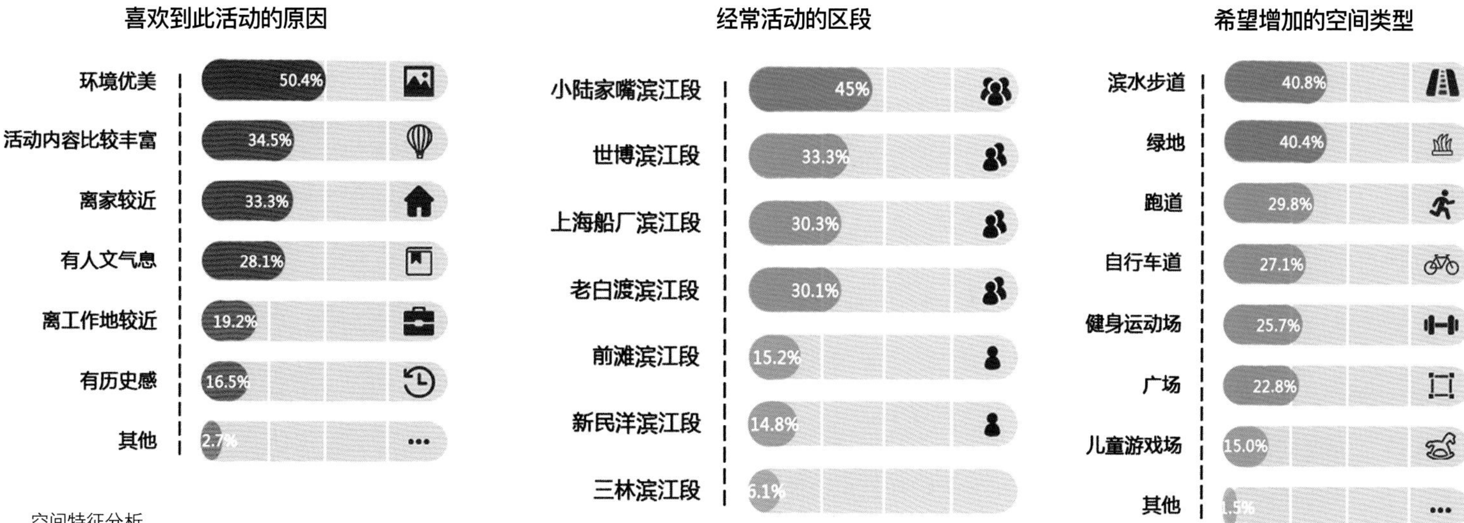
喜欢到此活动的原因
环境优美 50.4%
活动内容比较丰富 34.5%
离家较近 33.3%
有人文气息 28.1%
离工作地较近 19.2%
有历史感 16.5%
其他 2.7%
经常活动的区段
小陆家嘴滨江段 45%
世博滨江段 33.3%
上海船厂滨江段 30.3%
老白渡滨江段 30.1%
前滩滨江段 15.2%
新民洋滨江段 14.8%
三林滨江段 6.1%
希望增加的空间类型
滨水步道 40.8%
绿地 40.4%
跑道 29.8%
自行车道 27.1%
健身运动场 25.7%
广场 22.8%
儿童游戏场 15.0%
其他 1.5%

空间特征分析

交通方式

目前人们普遍以乘坐地铁、驾车、骑自行车和步行的方式前往浦江东岸，而公交和水上巴士的使用率不高。从问卷反馈中我们得知现状交通出行的主要问题是停车设施少、公交站少且距离远，腹地至滨江的许多区域存在步行至滨江不通畅的情况。

人们希望未来交通方式的改善主要集中在增加共享自行车、短驳公交车、自行车专用道、公交线路站点和水上交通等方面，这既体现了人们对于成熟方便的公共出行体系的偏好，也反映了他们对由水上交通和水上旅游联系黄浦江两岸的期待。

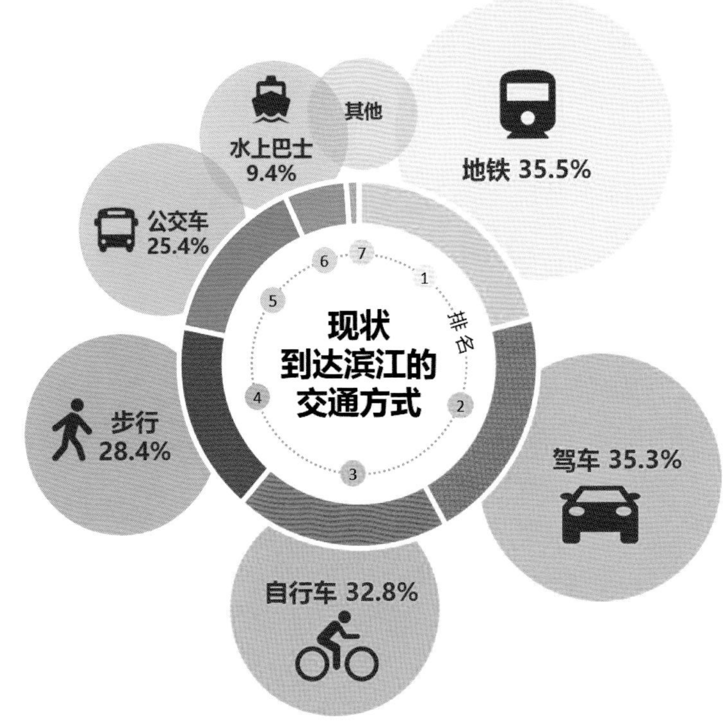

交通方式分析

Nelson Cycleway, New Zealand
尼尔森自行车道，新西兰

Cykelslangen, Copenhagen
Cykelslangen，哥本哈根

Ciclovia de Lisboa
里斯本自行车道

Ciclovia de Lisboa
里斯本自行车道

服务设施需求

滨江地区人们最常使用的公共服务设施依次为休憩设施、卫生设施、商业零售设施和休闲健身设施。

在当前公共设施存在的问题反馈上，厕所数量少是人们抱怨最多的问题，饮水点数量少、垃圾桶少、休憩座椅材质不舒适也成为抱怨的焦点。

当被问到未来最希望提升的公共服务设施时，增加公共厕所和饮水点成为人们的首要选择。来自周边社区的居民还建议慢步道、自行车道、座椅及健身器材等布局需要在滨江功能提升中予以关注。

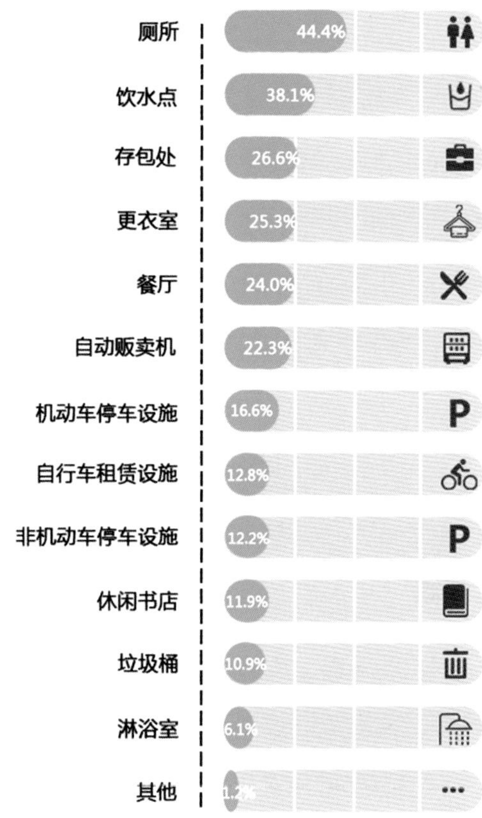

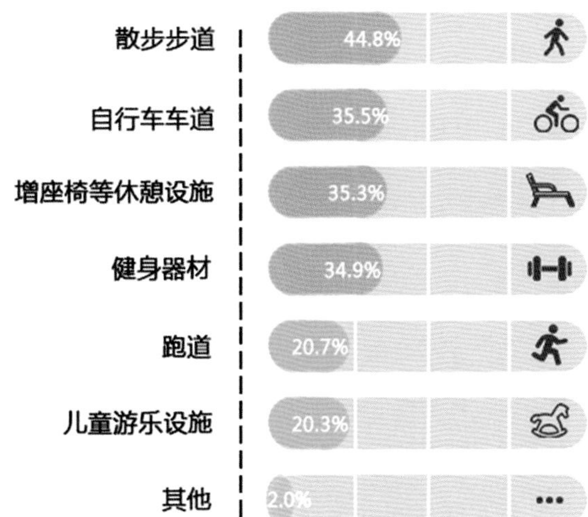

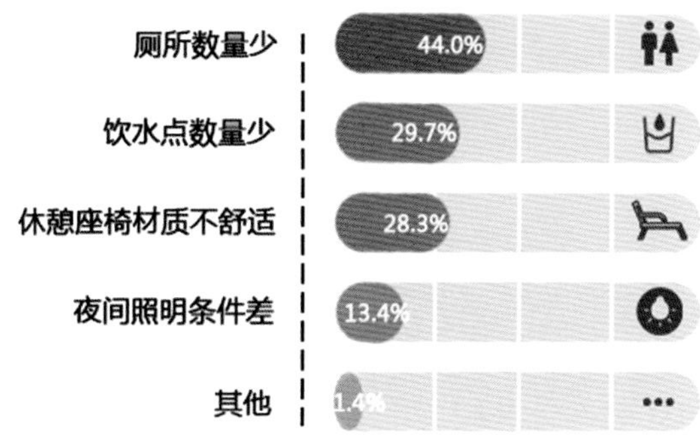

服务设施需求分析

环境文化

当被问及哪座建筑物最能代表东岸文化的特色时，我们发现许多人都将中华艺术宫作为第一选择，世博轴、梅赛德斯奔驰文化中心和东方明珠电视塔也给人们留有深刻印象。

不少市民希望未来能够增加艺术中心、文化展览馆、图书馆等文化设施，定期开展特色文化活动，增加有人文趣味的公共空间——这些都是他们认为一个有特色的滨江空间最应展现的内容。

当被问到环境品质可以从哪些方面提升时，多数人将怡人的绿化、连贯的步行道或跑步道与人性化的城市家具作为前三位的选择。“听说陆家嘴要建设浦东美术馆，期待着未来我来到东岸，能够在美术馆欣赏艺术，在东方明珠鸟瞰浦江，最后来到江边漫步徜徉……”这是一位市民在采访结束前留下的一段话，也是人们普遍的期待。

West 8 征集方案

国际方案征集——画张新美的画卷
Global Wisdom — A Brand-New Bund

2016 年 2 月底，“黄浦江东岸公共空间贯通概念方案国际征集”启动，来自荷兰、法国、澳大利亚、美国的五家国际知名设计机构参与此次竞标。同年 5 月，国际征集终期评审会召开，来自法国的 AGENCE TER（法国岱禾景观设计与城市规划事务所团队，简称 TER 团队）从五家设计单位中脱颖而出。

特色岸线的营造

法国 TER 团队的设计方案，以“挖掘和激发具有上海特色的生活方式”为空间设计的出发点，对东岸进行了哲学、社会学的思考，认为巴黎、纽约、上海的生活方式不同。上海式的滨水生活应是“河岸 = 天际线 + 水际线”，设计时刻不忘从使用者的角度出发，使整个方案极富生活气息。由北到南将浦江东岸分为艺术滨江、生态滨江、共享滨江、海绵滨江、运动滨江、多产滨江等区段。

澳大利亚 Hassell 团队的设计方案，是用沿江连续的大片森林——200 万棵树来整合东岸的形象。每棵树代表上海的一个儿童，这些树将和孩子们一起长大。通过诗意的四季构造浦东城市森林，并以这种植栽方案创造七个特色鲜明、让人难忘的目的地和城市景观。

荷兰 West 8 团队认为，浦江东岸应是“简单美丽、轻松幽默、人性关怀、环保低碳”的。他们提供了一套有效的“工具包”，以创建形象清晰且能够立刻付诸实施的 22 公里东岸，并通过三个层面的策略落实：22 公里公共慢行系统 + 纵横贯通的滨江公共空间 + 东岸六大主题节点。

荷兰 KCAP 团队则以“绿色浦江，七彩东岸”为设计理念，将浦江东岸的未来发展设定为“绿色、连续、可达、多样、未来”的双岸都市。同时，将东岸按风貌主题分为七个不同的特色区域，凸显各区段特点，打造多元浦江东岸。

美国 Terrain 团队则提出一个偏重生态的方案，希望采用“交织生态”的策略，通过人工湿地、生物栖息地、慢行系统、观景平台、生态码头等设计，让东岸成为“一流滨水公园”。

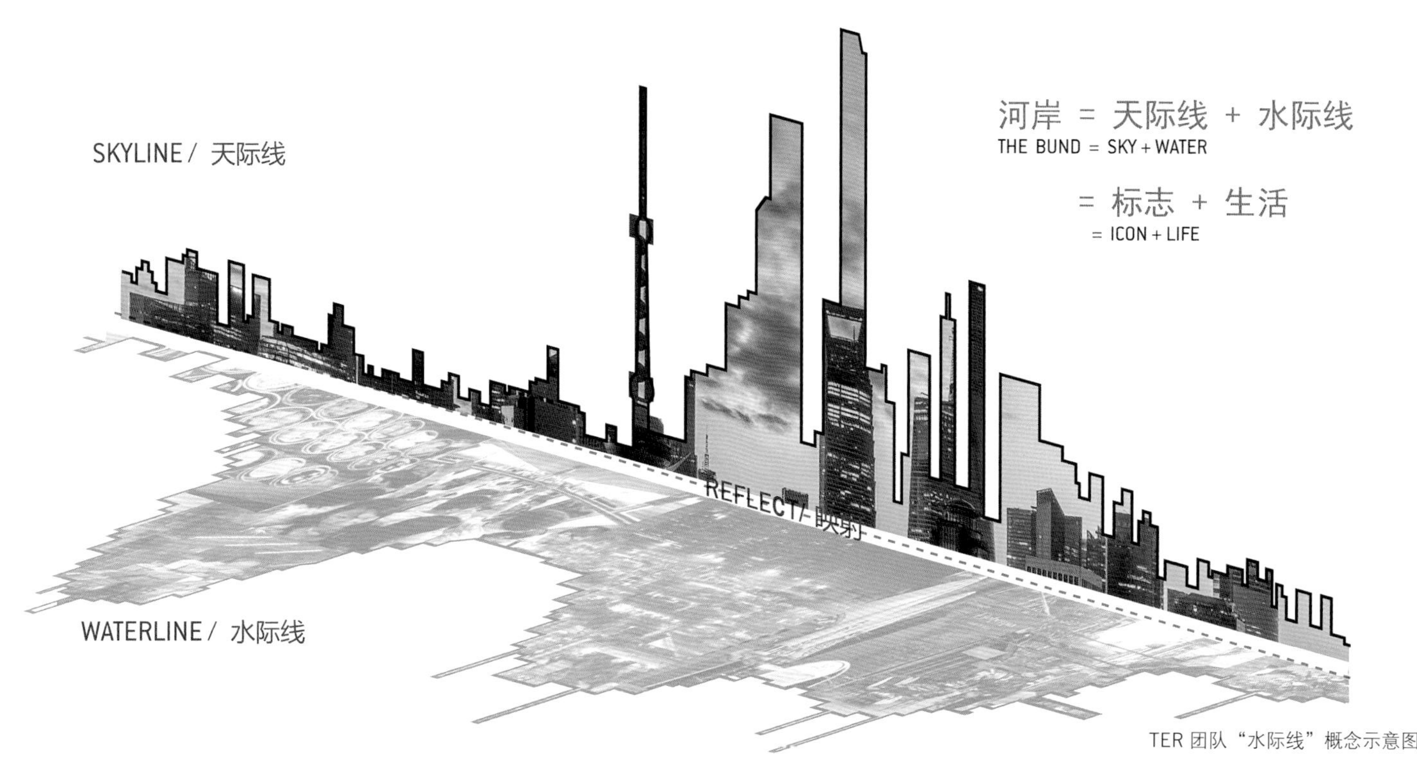

TER 团队“水际线”概念示意图

生态环境的再造

TER 团队对生态的阐述体现在“尊重自然并释放城市与大自然的内在联系”。在区域层面上，通过多条自然联系轴加强东岸与腹地的联系；在节点设计上，充分尊重、修复和提升现状生态环境，如在陆家嘴，顺应水流动力规律，保留现有生态湿地作为芦苇公园，并创造一个漂浮码头，在尊重自然的基础上充分激发生态环境作为公共活动空间的潜能。

Hassell 团队认为黄浦江现状生态空间缺乏延续一致，具有多处断点，他们提出整个地区可以为树木景观所覆盖，整合并激活绿地系统，使景观保持一致性并极具辨识度，并有助于使森林绿地渐渐地更好地融入城市社区。通过植物种植，塑造多条生态廊道，将滨江生态渗透到腹地，形成系统的生态格局。

KCAP 团队则是将打造绿色的东岸作为其设计的五大目标之一，让美丽的大自然与社会互动起来，同时附着生态效益和增强城市的生态基础建设。具体措施及策略包括：绿蓝走廊和网络的连续性、海绵城市、控制洪水、生物多样性、厚树冠、绿色空间层次、生态城市块等。

Terrain 团队的方案注重使用海绵城市技术，加强城市雨洪安全；通过过滤污染物提升水质；提出“交织生态”，将浦江东岸打造为串联若干重要目的地的绿色水岸，具体措施有：在滨江设置内水道、营造生物多样化栖息地、慢行流线系统、半岛观景平台、生态水码头、柔韧性调控系统等。

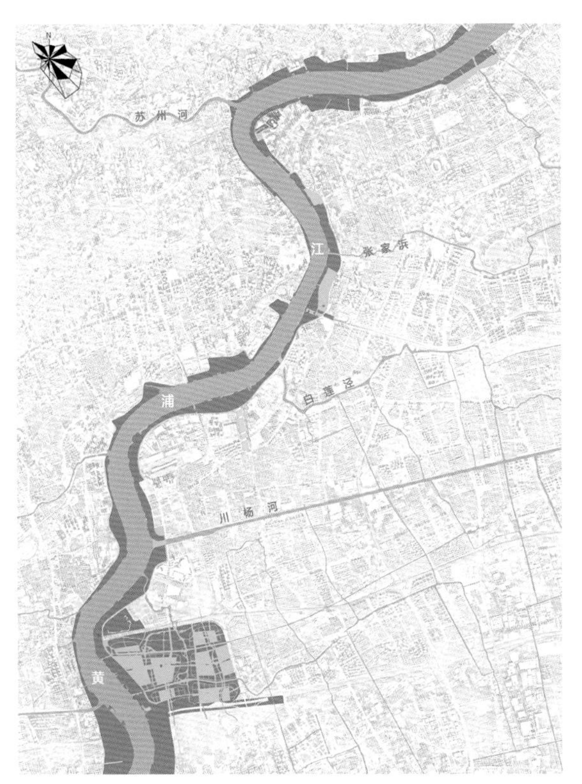

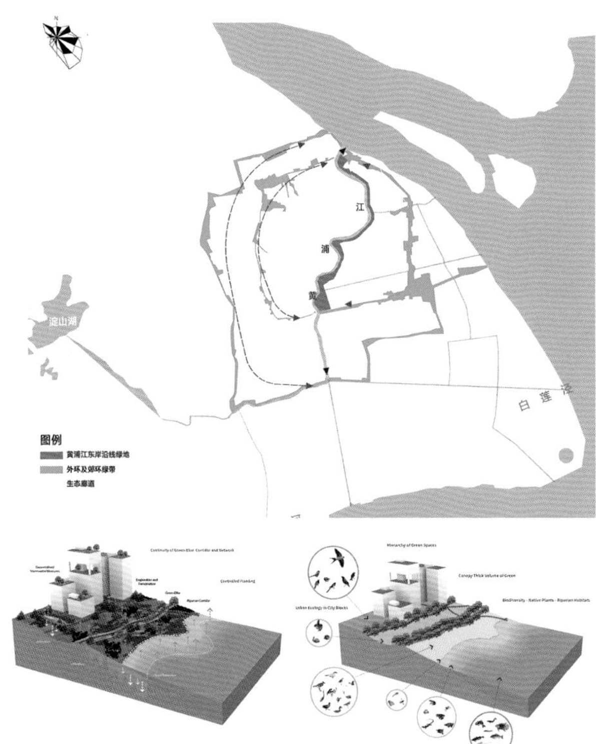

东岸生态景观结构图（KCAP）

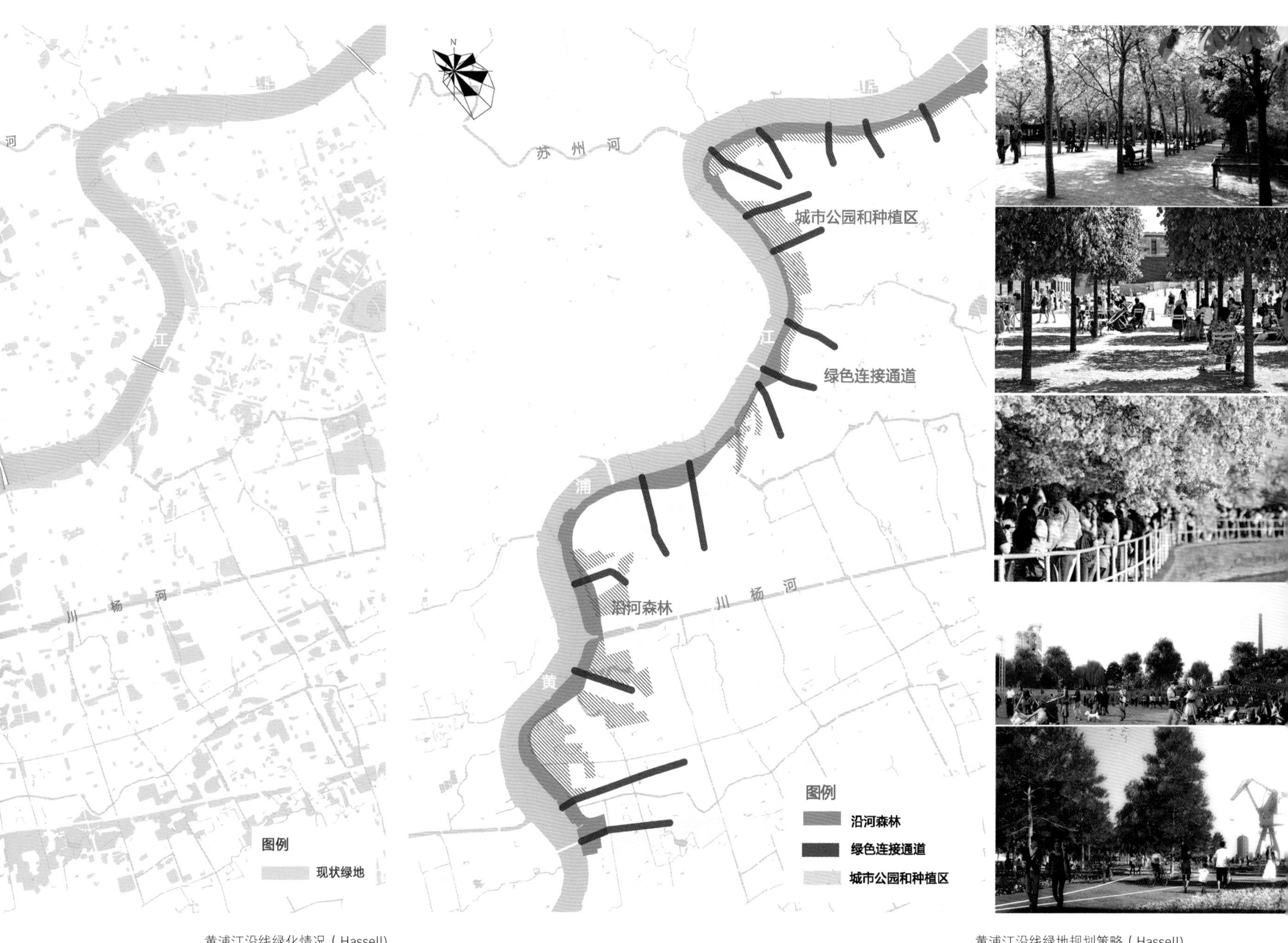

黄浦江沿线绿化情况（Hassell）

黄浦江沿线绿地规划策略（Hassell）

慢行交通的重组

开放空间的贯通连续是本次方案征集的重要内容之一，各家方案均提出了步行道、跑步道、骑行道与整体开放空间塑造的关系和具体设计策略。另外，部分团队也提出多种形式的越江方案，以及悬吊单轨公交、轻轨街、叮叮电车等横向联系方案，以增加滨江的可达性。

TER 团队方案以人的速度来组织空间布局。沿江部分人的活动丰富多样，速度较低，靠近市政道路一侧的活动则更有目的性。所以从亲水滨江到市政道路，依次布置探索步道、漫步道和运动道。

Hassell 团队将 22 公里贯通的三条线路，设置为滨水步行道、慢速骑行道和快速骑行道，还设置了一条文化游船路线，让人能够轻松游览两岸重要的文化景点。

West 8 团队设计了 3 米宽的慢跑道和 6 米宽的双向骑行道。沿着这些运动道，设置一系列小型滨江驿站，包含信息牌、饮水桩、公共自行车和座椅等设施；在重要交通节点，则设置大型滨江驿站，除提供以上设施外还有卫生间、小卖部等。在滨江步行通道上，设计了简单、统一的景观家具。方案建议新增水上轮渡，连接两岸慢行空间。

KCAP 的设计团队采用有轨电车、自行车、步行三条线路，并与地铁、轮渡相联系，让多种绿色低碳的交通方式交织在一起，并能实现便捷换乘的目的。

美国 Terrain 团队的设计者则采用混合街道的形式，骑行者、慢跑者和步行者共用街道。

Terrain 三道示意图

West 8 三道示意图

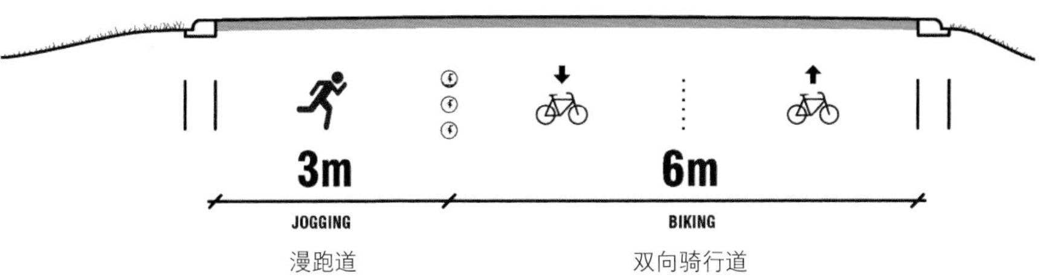

独特故事的演绎

在景观风貌的统一性与独特性方面，多个方案以灯塔、驿站、观景塔等景观标志物串联 22 公里岸线。

TER 团队从人的生活出发，设想滨江公共活动的场景。设计集服务、商业、观光等功能于一体的灯塔，每隔 1 公里设置 1 个，并以此为标志物，统一整个滨江岸线，强化公共空间景观的标识性。同时，这些灯塔也成为跑友们的运动里程记数牌。设计注重夜景的塑造，多变而统一的景观灯塔，与浦西呼应，“形成人们日常生活的倒影”，但在自然河岸段则需降低照明强度，避免光污染。

Hassell 团队城市森林的方案中，为了方便寻找方位，团队设计者在其中置入 18 个形象有丰富变化的景观塔，以这类设施承载观景、教育、休闲、自行车租赁等活动与功能。

West 8 团队则提出以桥梁作为独特景观塑造的要素，通过 8 座桥梁连接不同的自然河道断点，并将桥墩设计成富有情趣的打太极的人形，形成桥梁景观风貌系统。

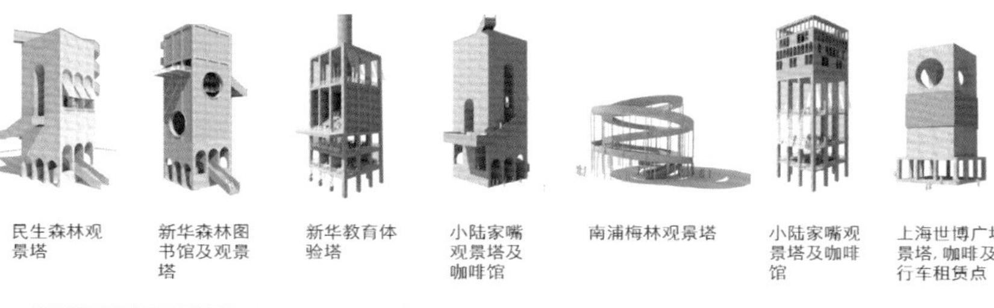

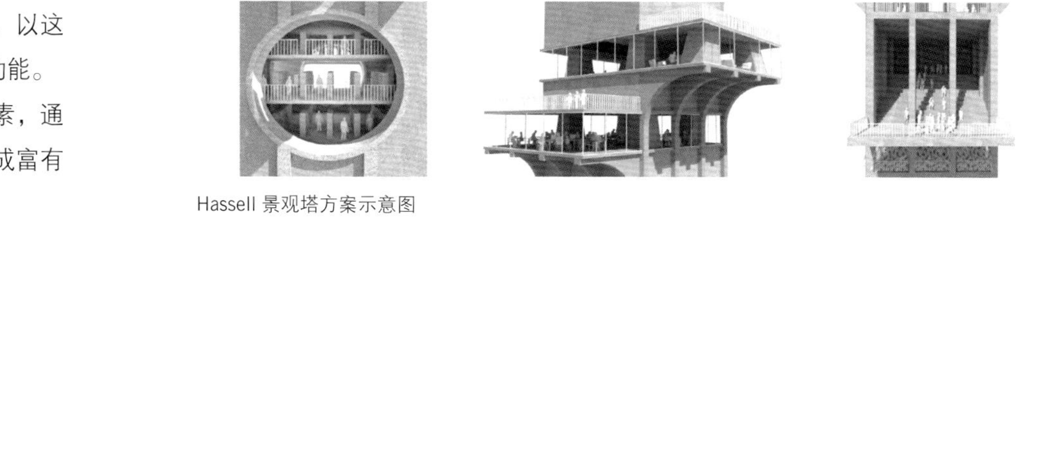

Hassell 景观塔方案示意图

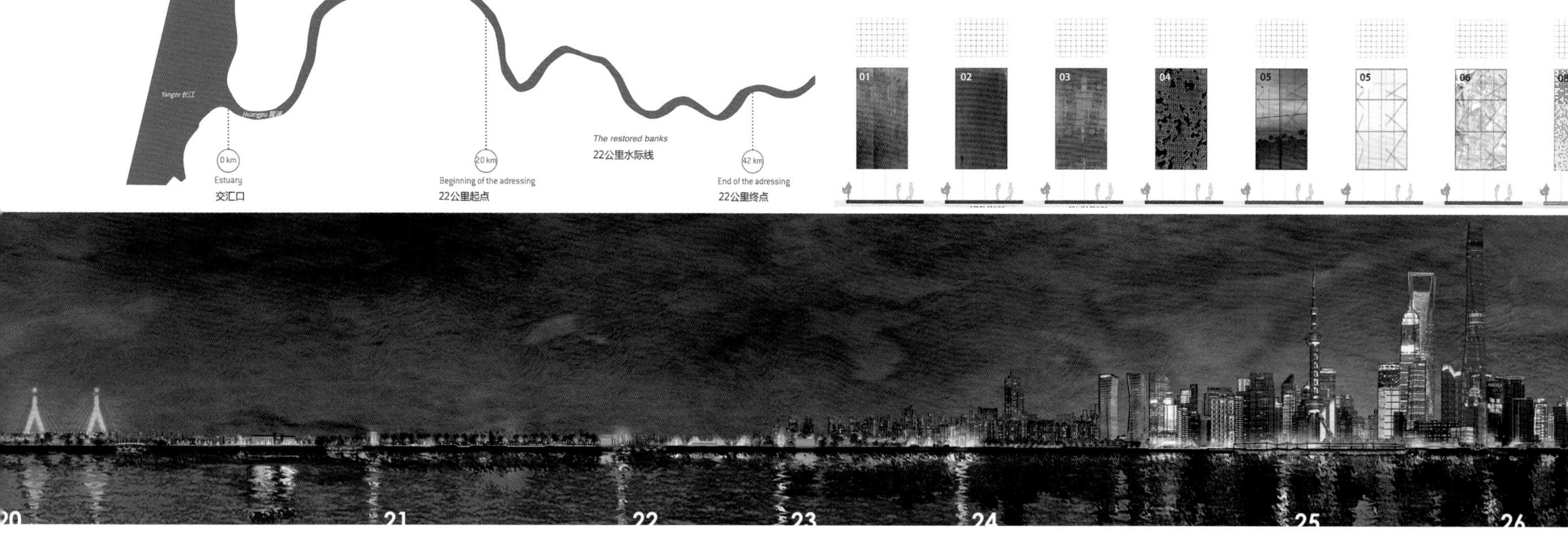

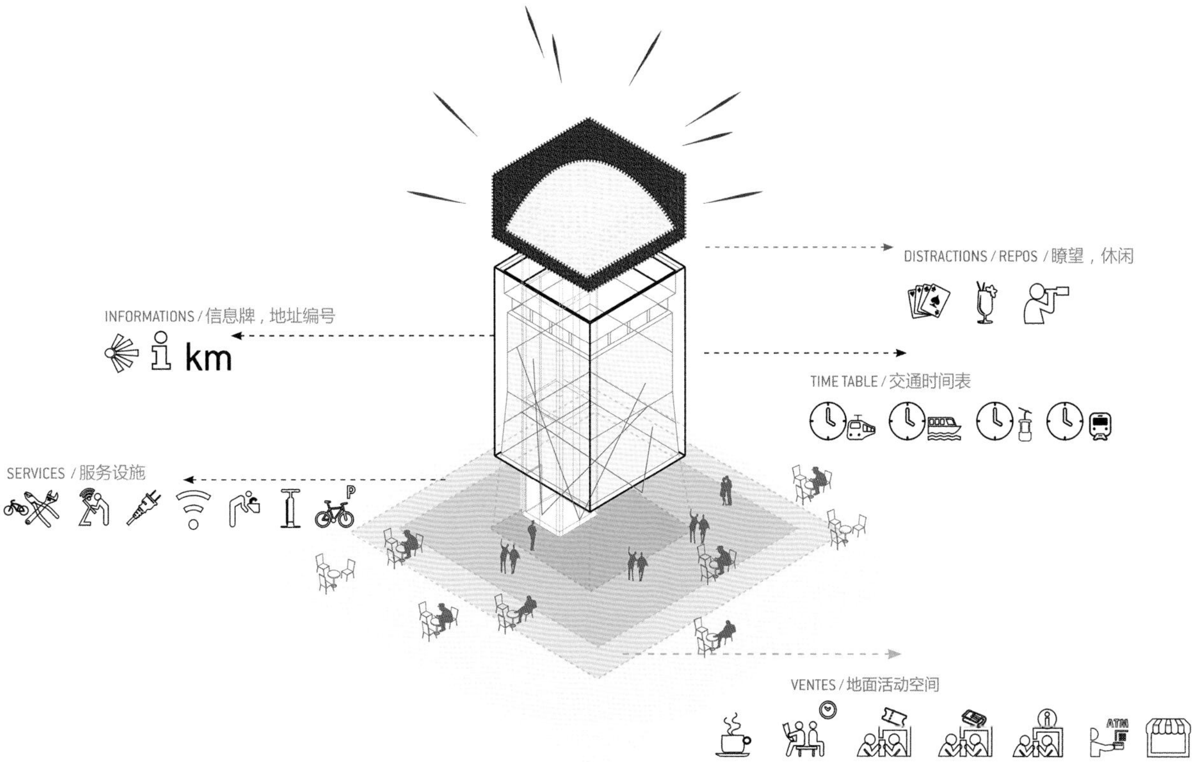

DISTRACTIONS / REPOS / 瞭望，休闲
INFORMATIONS / 信息牌，地址编号
i km
TIME TABLE / 交通时间表
SERVICES / 服务设施
VENTES / 地面活动空间
ATM

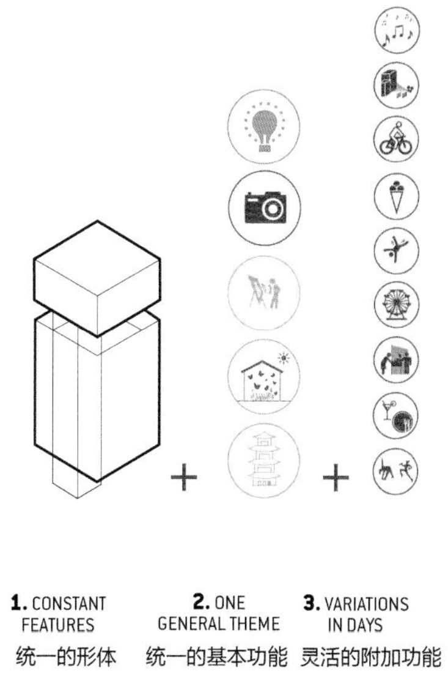

1. CONSTANT FEATURES
统一的形体
2. ONE GENERAL THEME
统一的基本功能
3. VARIATIONS IN DAYS
灵活的附加功能

TER 灯塔方案示意图

09
10
11
12
13
14
15
17
18
19
20
21
22
23
24

27
28
29
30
31

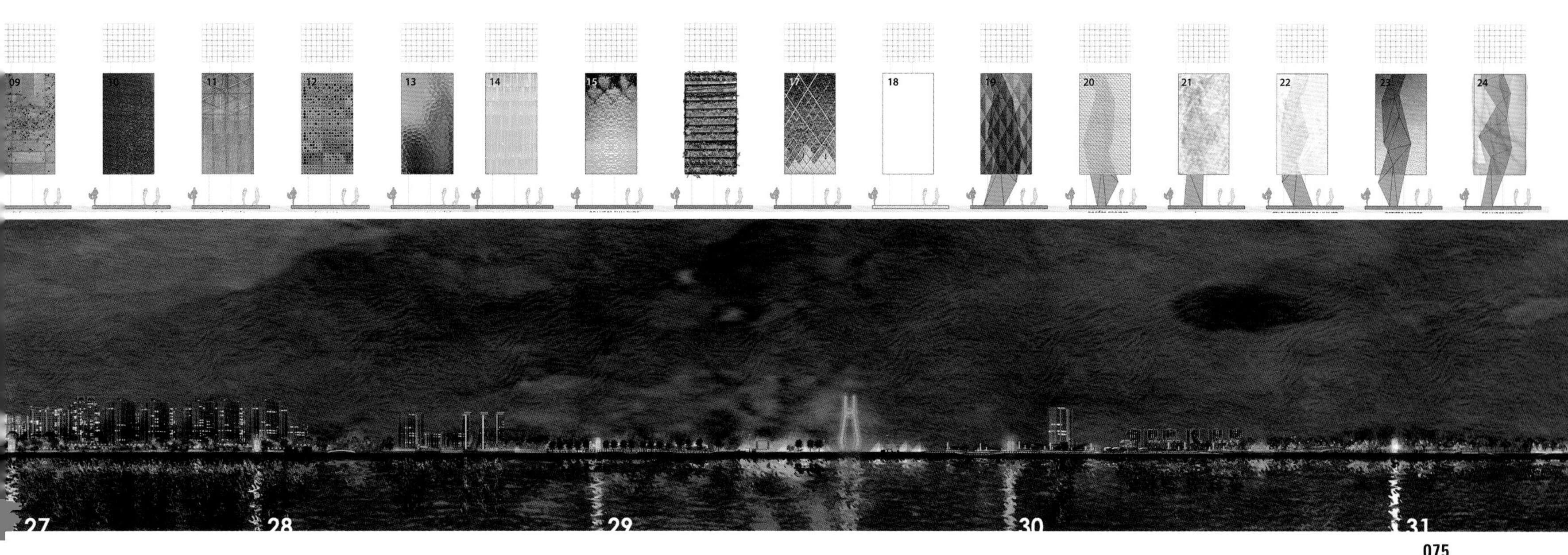

青年设计师竞赛——到江边散步去
Open Design Competition — Promenade along the River

2016 年 3 月至 6 月上旬展开的以“东岸漫步”为主题的青年设计师竞赛，分设活力滨江、文化滨江、生态滨江、智慧滨江四个分主题。

这次竞赛立足高校，面向社会，锁定 45 岁以下青年设计师，开放创新，吸纳新锐青年设计师的创新思想，聚焦贯通重要节点，以此作为平行设计的有益补充。

竞赛主题

活力滨江

通过打造高品质的公共活动空间，承载丰富多彩的公共活动内容，完善服务配套功能，吸引市民参与活动；

文化滨江

打造特色滨江风貌，提升文化内涵，引入特色文化活动，引导公共艺术介入，形成独特文化魅力；

生态滨江

突出和提升黄浦江水生态系统价值，因势利导，以水资源为纽带，以生态经济发展和生态文明建设为取向，实现生态滨江、诗意栖息；

智慧滨江

通过创优环境，聚才汇智，结合滨江特色，体现智慧旅游、智慧出行、智慧环保理念。

此次竞赛受到景观设计师、建筑设计师和城市规划师等热烈欢迎和积极响应。不少公共艺术、雕塑、美术、人文地理、市政等各个专业设计师也共同参与。

报名参赛者年轻化，25~35 岁的参赛者占到报名总数的 53%，25 岁以下的参赛者占 43%。竞赛最终共收到 89 份作品，参与设计师 330 位，其中包含来自西班牙、澳大利亚、印度、法国、美国、英国等国的青年设计师。

社交媒体访问量：**120 000**
120 000 hits of social media platforms

100+ 个设计机构参与竞赛

110+ 所高校报名院

Contestants from 100+ design firms worldwide and 110+ colleges and universities

报名人数涉及 **1 387** 人
Registration 1 387

网站点击量：**189 000**
189 000 clicks on website platforms

个人参赛 **320** 人
Individual registration of people 320

团队参赛 **296** 个
Team registration 296

报名者来自全球 **40+** 个城市
Contestants from 40+ cities all over the world

初评 **15** 位评委
Judges involved in preliminary review

终评 **9** 位评委
Judges involved in the final review

提交作品量 **89** 份
A total of 89 submissions

6 个获胜作品
6 winning works

34 个作品获得入围奖
34 proposals receiving nominee awards

江东岸开放空间贯通概念设计
黄浦江东岸开放空间贯通

方案评选

经过由资深规划师、规划建设管理者、高校学者、青年设计师等专业人员，以及公共艺术家、媒体记者、市民代表等多方人士组成的评选委员会，经过现场三轮评审，最终选出，一、二、三等奖获胜的6个方案。

022 号方案（设计：盛临）

从总体出发，对浦江东岸进行腹地区域规划、滨江绿地概念策划、滨江贯通概念规划和滨江慢行道概念设计。根据目标人群策划不同区域的主题，借鉴音乐中的曲式结构原理，将全线分为三个乐章，纵览全线如同欣赏一场华美的交响乐。分别策划史、创、演三个主题，主要通过景点的设置将全线打造成富有节奏和韵律的滨河景观带。

在节点设计上，从历史传承和文化教育的角度，对泰同栈渡口区域以及周边节点进行了概念设计，通过地形的塑造和景观的营造延续老上海的记忆，并通过攀岩活动让人们体会防汛设施的壮阔。对“浦江东岸”进行品牌运营策划，打造一个既高端又有亲和力的品牌。

专家评语

郑时龄（中国科学院院士、法国建筑科学院院士、同济大学教授）——方案比较完整，考虑全面，既有系统的设计构思，也有完整的节点设计；主题也与任务的要求相一致；设计表现也具有较好的专业水准，也考虑了黄浦江西岸的空间关系。

汪大伟（上海大学美术学院院长）——规划方案以“行”为主线，行出节奏，行出内容，行出趣味，线状的贯通，系统的思考，无限的可能，让人有丰富的想象力。

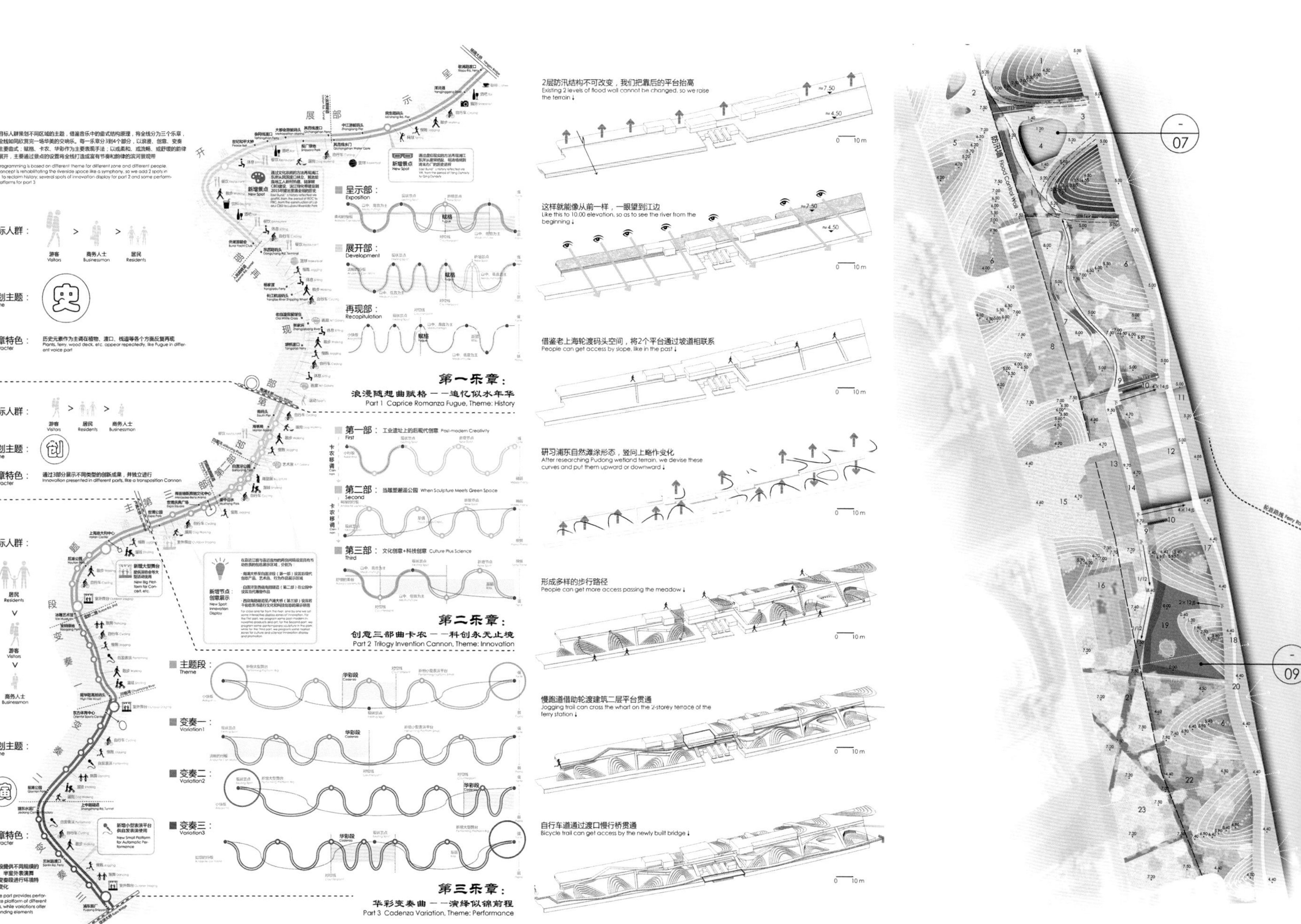
呈示部：
Exposition
展开部：
Development
再现部：
Recapitulation
第一乐章：
浪漫随想曲赋格——追忆似水年华
Part 1 Caprice Romanza Fugue, Theme: History
第一部 工业遗址上的后现代创意 Post-modern Creativity
First
第二部 当雕塑邂逅公园 When Sculpture Meets Green Space
Second
第三部 文化创意+科技创新 Culture Plus Science
Third
第二乐章：
创意三部曲卡农——科创永无止境
Part 2 Trilogy Invention Cannon, Theme: Innovation
主题段：
Theme
变奏一：
Variation1
变奏二：
Variation2
变奏三：
Variation3
第三乐章：
华彩变奏曲——演绎似锦前程
Part 3 Cadenza Variation, Theme: Performance
2层防汛结构不可改变，我们把靠后的平台抬高
Existing 2 levels of flood wall cannot be changed, so we raise the terrain ↓
这样就能像从前一样，一眼望到江边
Like this to 10.00 elevation, so as to see the river from the beginning ↓
借鉴老上海轮渡码头空间，将2个平台通过坡道相联系
People can get access by slope, like in the past ↓
研习浦东自然滩涂形态，竖向上略作变化
After researching Pudong wetland terrain, we devise these curves and put them upward or downward ↓
形成多样的步行路径
People can get more access passing the meadow ↓
慢跑道借助轮渡建筑二层平台贯通
Jogging trail can cross the wharf on the 2-storey terrace of the ferry station ↓
自行车道通过渡口慢行桥贯通
Bicycle trail can get access by the newly built bridge ↓
0 10 m
防汛墙 Flood Control Wall
07
09

565 号方案（设计：郝培晨，梁皓，李瑞超，顾欣俊，李欣慧，赵欣）

以慢行交通将浦江东岸紧密连接，将浦江东岸重新定义为城市景观的基础。因为有这条河，以及贯穿城市的河流体系，这座巨型城市便具有在前所未有的尺度下建构综合公园系统的可能。这个系统可以协助本区域重构直至太湖的景观体系，将半小时距离内的卫星城市紧密联系在一起。从航运中心，到工业中心，再到经济中心，黄浦江将在历史上成为 21 世纪生态空间的前沿。

场地干预在提出像轮渡、有轨电车、自行车道、步道等交通连接的同时，亦提出了连续的乔木界面形成的植被连接。在此框架基础上，对小陆家嘴、南浦大桥与南码头、耀华绿地这三块场地进行进一步研究。每个场地对于空间交叠、洪水控制、区域主题具有各自的特征与处理方法。

专家评语

刘泓志（AECOM 公司亚太区高级副总裁）——方案在众多思路构想中难得地凸显出几项优势与亮点：①关注沿江贯通的同时，强调垂直到达，关注滨江活力的关键通道；②构想与诉求表达简练干净，讯息传达效益高；③设计企图与可操作性有很好的平衡。

苏功洲（原上海市城市规划设计研究院总工程师）——方案将东岸滨江开放空间置于城市开放空间网络，重视垂直于滨江开放空间的活动连接、视线连接以及生态连接的作用，把网络连接的节点作为一种活动机会加以塑造。方案设计概念清晰、手法纯熟，是一个将激情置于内心的方案。

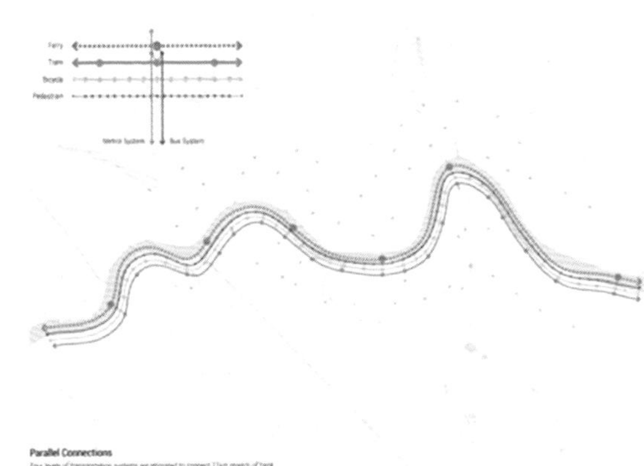

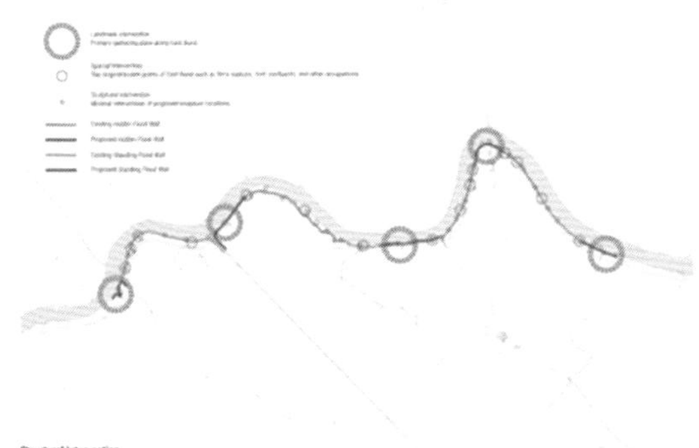

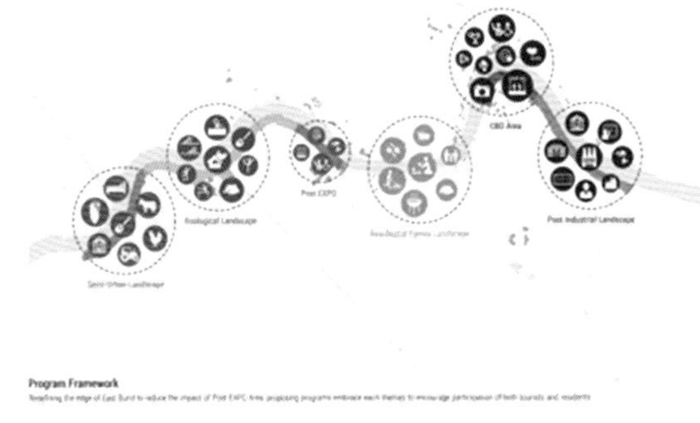

TAGE

SHANGHAI

a, Huangpu River is designed to re-centralize the city around this historic ribbon of nature and economic wonder. This proposal not only
as a landscape urban infrastructure. The river shows potentiality of creating a synthetic park system along the river system of this gigantic
nfigured and connected to the landscape system upstream to Taihu Lake, connecting major cities within 30min distance from Shanghai.
nic center, Huangpu River is engineered to become the ecologic frontage of 21st century.

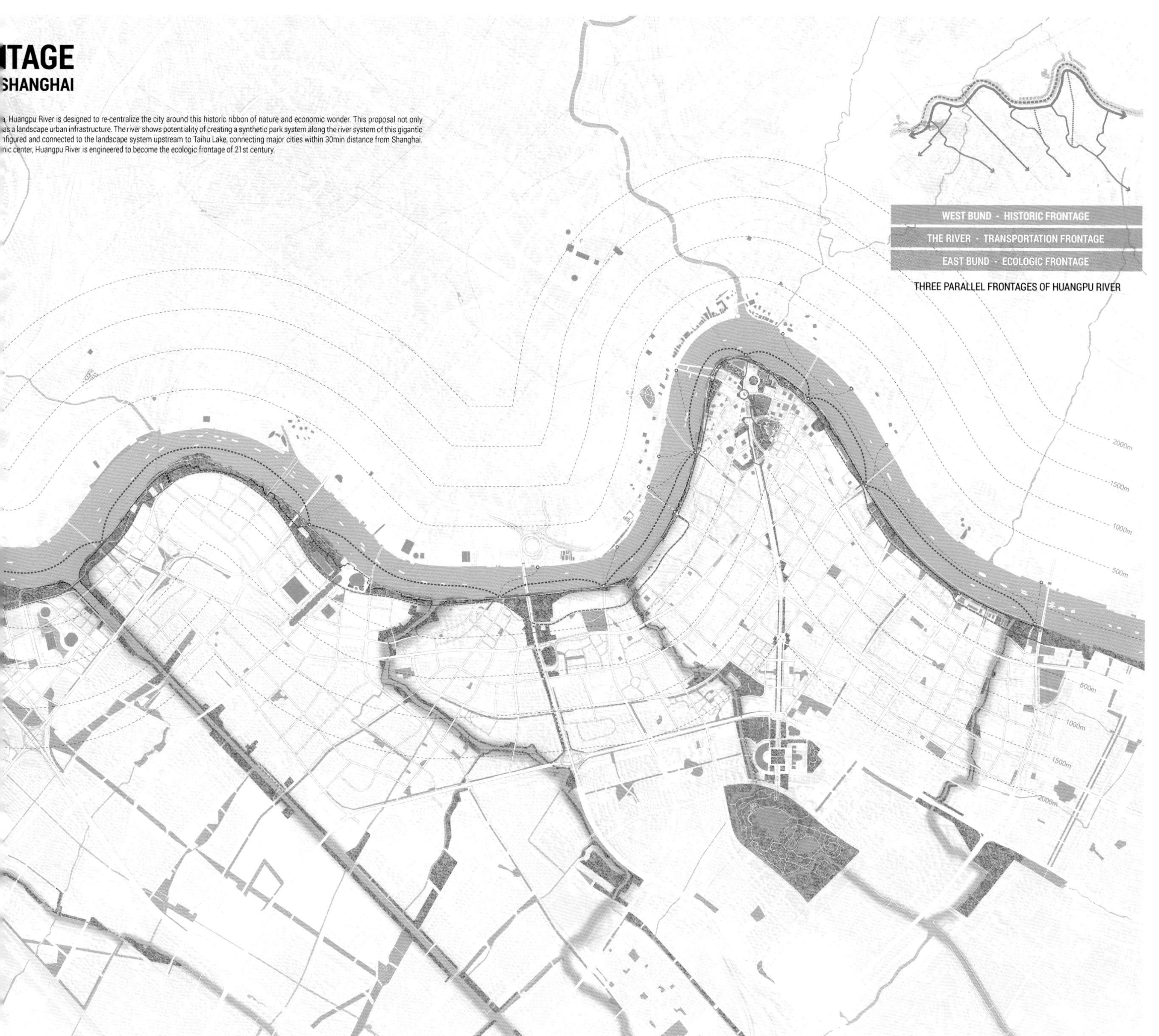

420 号方案（设计：马予哲，顾金辉，崔佳圆，刘缙，潘晓雯，丁煜）

方案梳理了基地的现状问题——公共设施众多，交通流线混乱；防汛墙阻挡视线，且亲水性差。

策略一：防汛——以蚁穴的仿生概念为切入点，将防汛墙“挡水”的理念转变成“引水、储水、净水、再利用”为一体的江岸防汛退台的理念，将汛期洪水引入退台内部蓄水系统，经净化供给市区内多种用水需求，打造出一个利用自然、生态和谐的多功能滨水休闲游娱景观带。

策略二：贯通——为了将黄浦江东岸滨水地带的慢行区域全线贯通，针对不同断点提出不同的贯穿方式，既解决了断点问题，又丰富了东岸滨江景观设施形态的多样性。

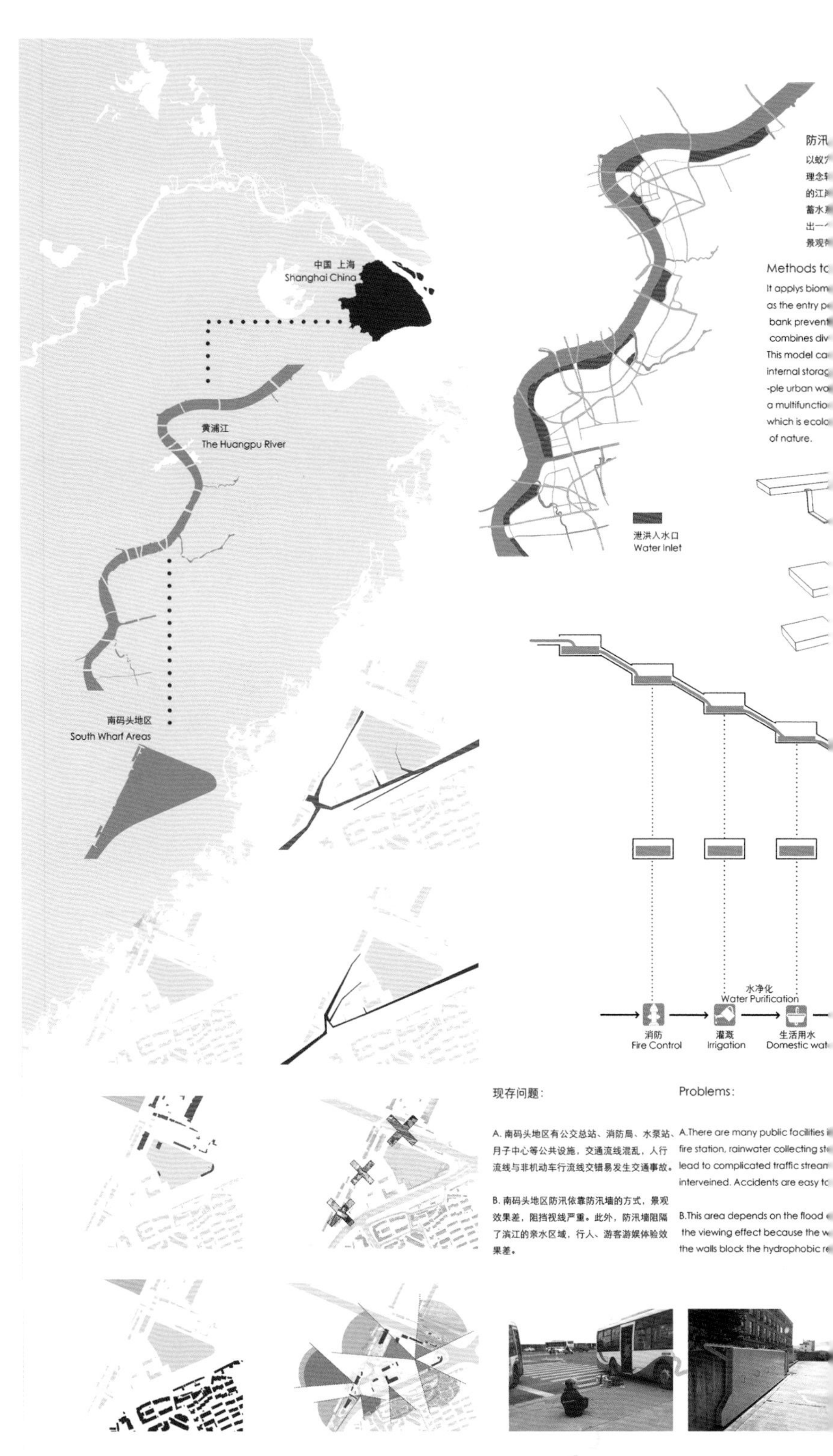

专家评语

张斌（致正建筑工作室主持建筑师）——方案面对未来生态恶化的世界与状况，着眼于防洪基础设施与滨江体验连续性的结合，将景观、活动与基础设施相结合，反映了设计者的环境关怀与专业素养，值得鼓励。

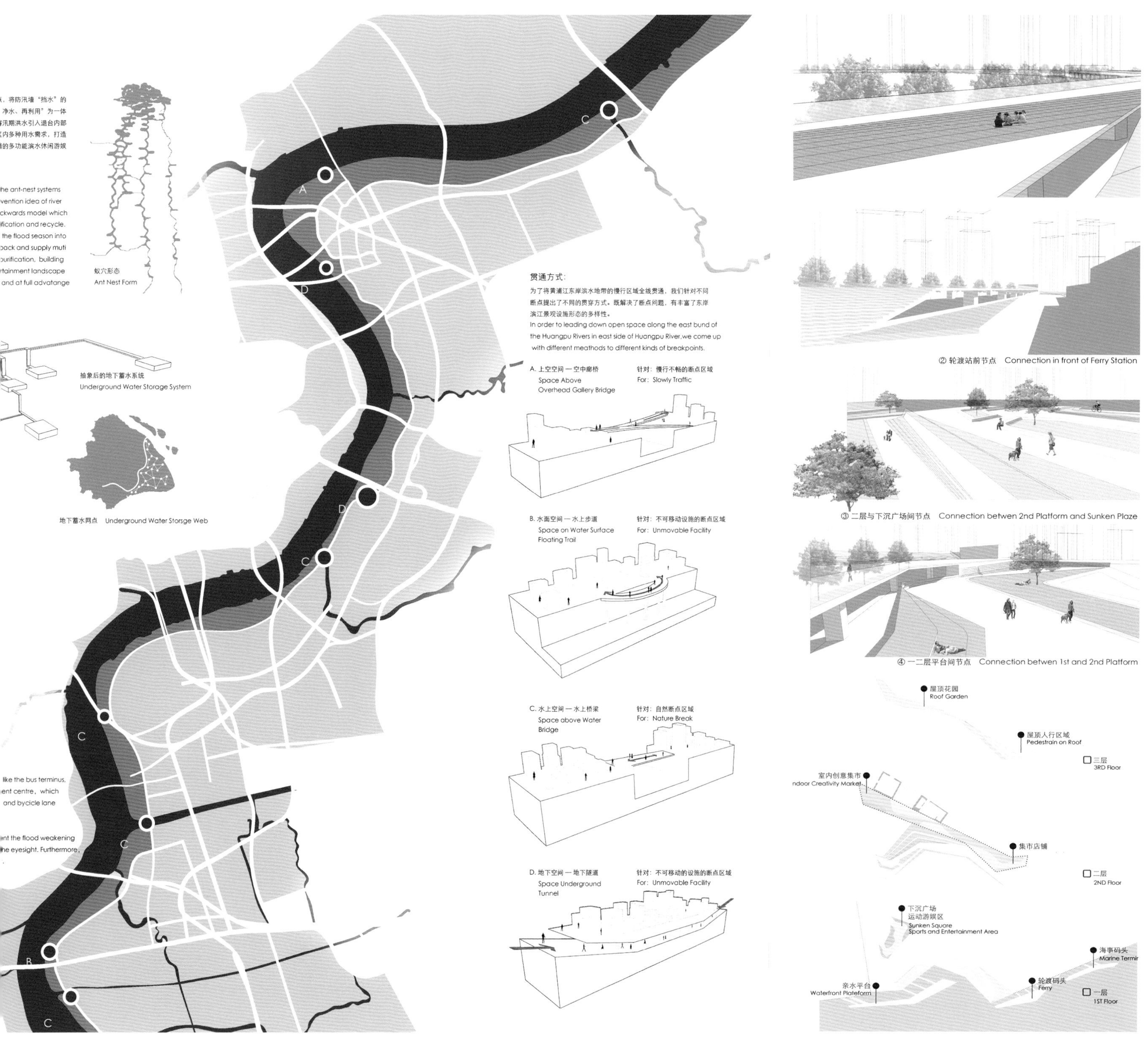
蚁穴形态
Ant Nest Form
抽象后的地下蓄水系统
Underground Water Storage System
地下蓄水网点 Underground Water Storsge Web
贯通方式：
为了将黄浦江东岸滨水地带的慢行区域全线贯通，我们针对不同断点提出了不同的贯穿方式。既解决了断点问题，有丰富了东岸滨江景观设施形态的多样性。
In order to leading down open space along the east bund of the Huangpu Rivers in east side of Huangpu River,we come up with different meathods to different kinds of breakpoints.
A. 上空空间 — 空中廊桥
Space Above
Overhead Gallery Bridge
针对：慢行不畅的断点区域
For: Slowly Traffic
B. 水面空间 — 水上步道
Space on Water Surface
Floating Trail
针对：不可移动设施的断点区域
For: Unmovable Facility
C. 水上空间 — 水上桥梁
Space above Water
Bridge
针对：自然断点区域
For: Nature Break
D. 地下空间 — 地下隧道
Space Underground
Tunnel
针对：不可移动的设施的断点区域
For: Unmovable Facility
② 轮渡站前节点 Connection in front of Ferry Station
③ 二层与下沉广场间节点 Connection betwen 2nd Platform and Sunken Plaze
④ 一二层平台间节点 Connection betwen 1st and 2nd Platform
屋顶花园
Roof Garden
屋顶人行区域
Pedestrain on Roof
三层
3RD Floor
室内创意集市
ndoor Creativity Market
集市店铺
二层
2ND Floor
下沉广场
运动游娱区
Sunken Square
Sports and Entertainment Area
海事码头
Marine Termi
轮渡码头
Ferry
亲水平台
Waterfront Plateform
一层
1ST Floor

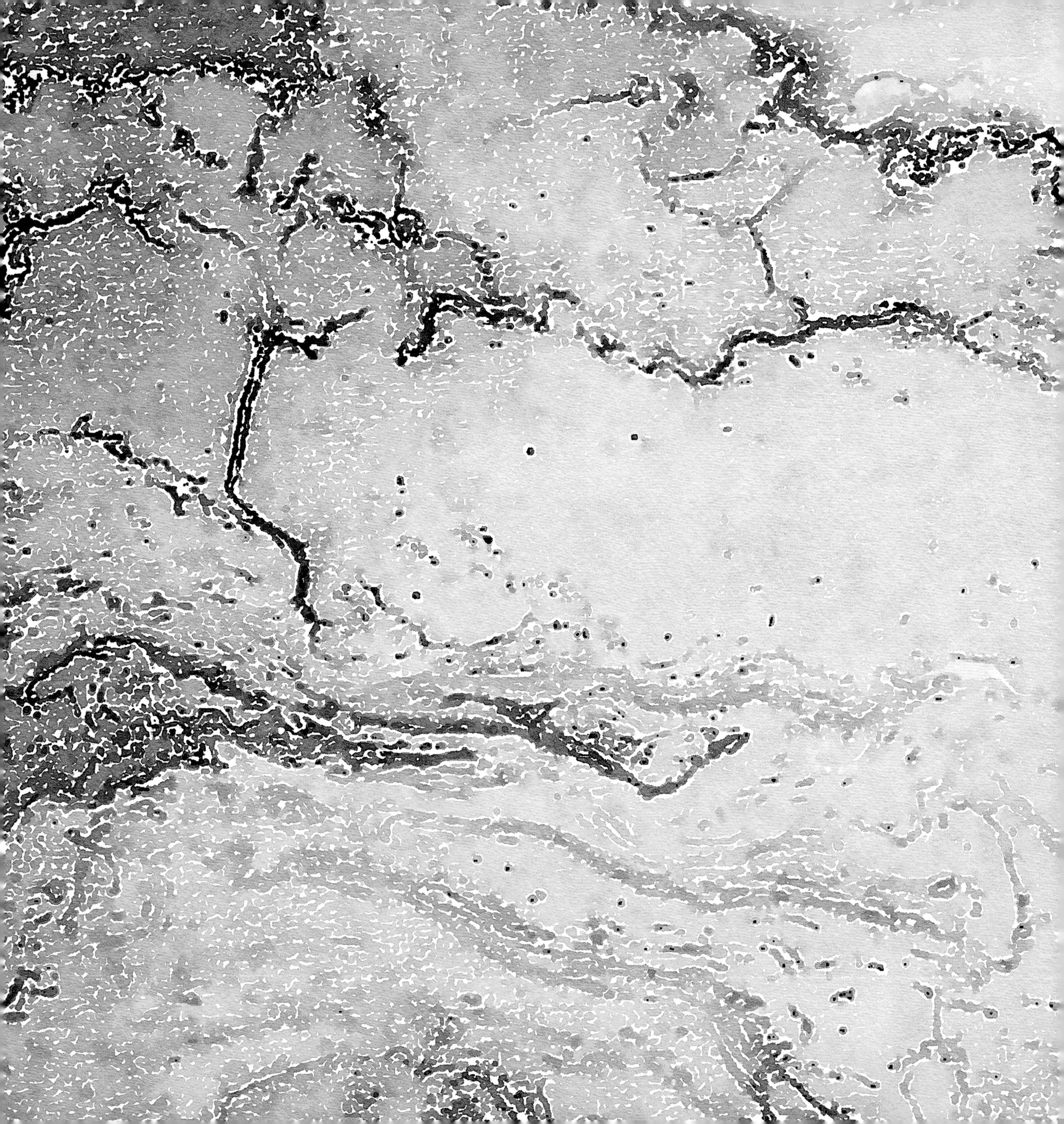

意象东岸
IMAGE
OF THE
EAST BUND

意象东岸
IMAGE OF THE EAST BUND

整体意向
Overall Intention

核心策略
Core Strategies

一江春水，垄垄森林
蓝绿之上，凌波漫步
江花烂漫，闲庭信步
两岸贯通交响乐
东岸漫步进行曲

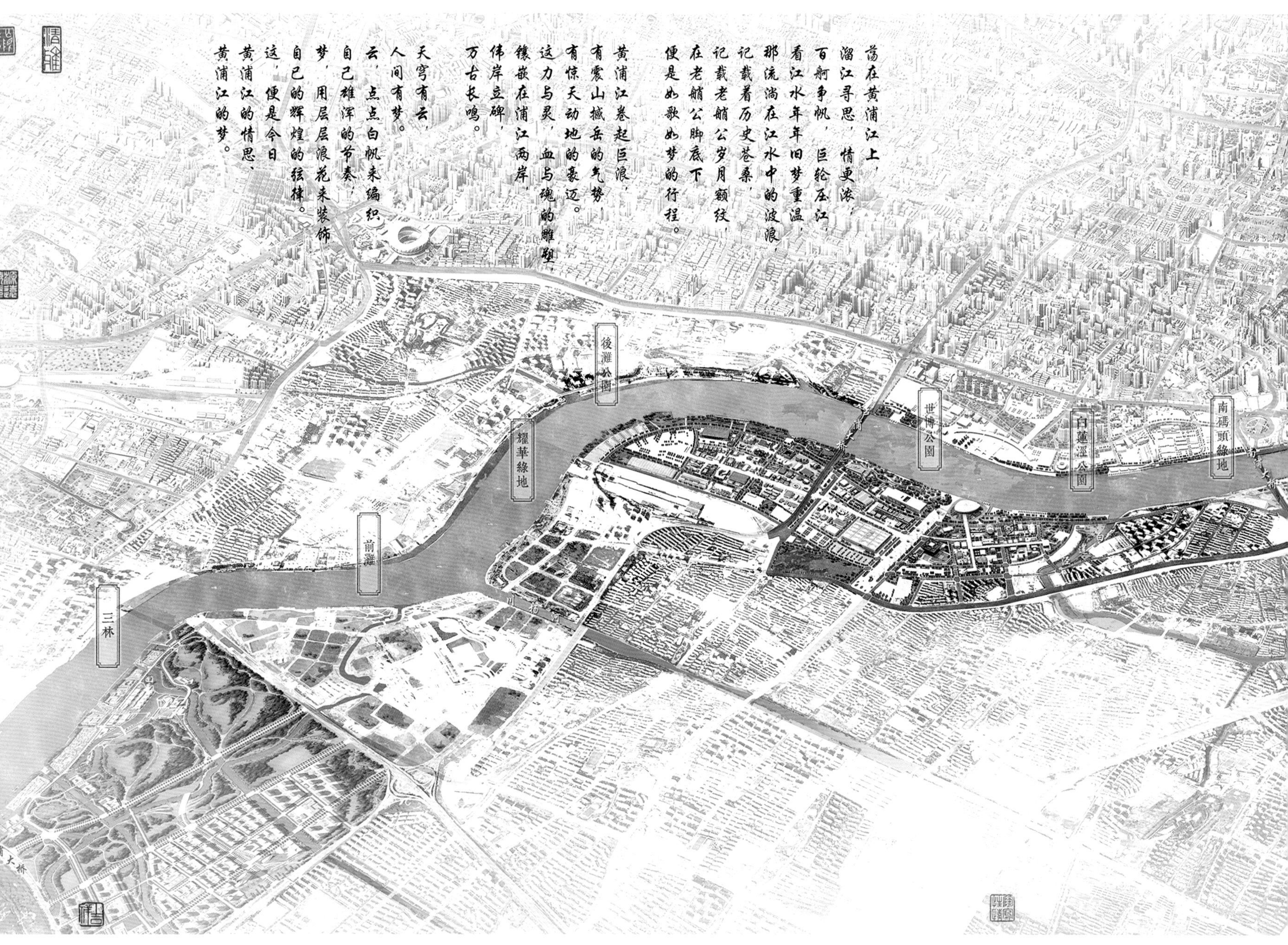
荡在黄浦江上，
溜江寻思，情更浓；
百舸争帆，巨轮压江，
看江水年年旧梦重温，
那流淌在江水中的波浪，
记载着历史苍桑，
记载老艄公岁月额纹，
在老艄公脚底下
便是如歌如梦的行程。
黄浦江卷起巨浪，
有震山撼岳的气势，
有惊天动地的豪迈。
这力与灵，血与魂的雕塑，
镶嵌在浦江两岸，
伟岸立碑，
万古长鸣。
天穹有云，
人间有梦。
云，点点白帆来编织
自己雄浑的节奏，
梦，用层层浪花来装饰
自己的辉煌的弦律。
这，便是今日
黄浦江的情思，
黄浦江的梦。
後灘公園
耀華綠地
前灘
三林
世博公園
白蓮涇公園
南碼頭綠地
大桥

浦江東岸漫步圖
小陸家嘴
老白渡綠地
煤倉
船廠綠地
新華綠地
民生文化城

整体意向

Overall Intention

蓝是蜿蜒的浦江水岸
绿是绵延的城市森林
橙是连续的高桩舞台

一江春水，垄垄森林——资源禀赋的得天独厚

蓝色是蜿蜒千年的浦江水域，绿色是珍贵绵延的城市森林，橙色是历史遗留的高桩平台，这些都是浦江东岸得天独厚的资源禀赋。贯通不仅是物质空间的连续可达，更代表了世界级滨水空间的资源挖掘与功能优化，是“自然、生态、人文”和谐统一的整体意向重塑。

黄浦江水连接着两岸滨江绿地，从保证浦江两岸空间布局的统一性与整体性出发，黄浦江东岸公共空间贯通规划设计不仅重视对周边资源的有效整合，而且也统筹考虑未来黄浦江东岸向北拓展的中远期发展战略，与西岸结合成为一个整体。

一江春水
座座森林

低线：亲水道
中线：跑步道
高线：骑行道
金线：水上游览线
银线：空轨

蓝绿之上，凌波漫步——浦江岸上的“五线”乐章

蓝绿为底，穿线其中，黄浦江东岸公共空间贯通规划设计以滨江慢行网络系统为核心。以蓝水绿树为基底，谱写“五线”漫步乐章。贯通的“慢行三线”以人的活动速度来区分，分别是低线漫步道、中线跑步道与高线骑行道。低线漫步道平均行进速度小于每小时 5 公里，可亲水近水，漫步嬉戏，未来将与东岸智能化 APP 结合，提供各类兴趣点解说，让市民驻足、探索赏玩；中线跑步道，平均行进速度小于每小时 10 公里，可进行慢跑健身等锻炼活动；高线骑行道平均行进速度在每小时 20 公里以内，适合快跑和慢骑。

除了“慢行三线”，浦江东岸还将串入金线“水上游览线”和银线“空中游览线”。今后市民有机会坐着空中轨道车，或是搭乘各类水上游览巴士，游览浦江两岸风光。

蓝绿之上
凌波漫步

江花烂漫，闲庭信步——文化与品质的挖掘与塑造

与腹地的功能联动、特色文化的挖掘嵌入、公共服务与便民设施的合理布局，都是具有魅力的滨水空间必不可少的要素，是滨江空间的灵魂，是吸引市民长久驻足的“烂漫江花”。

黄浦江东岸公共空间贯通规划设计是对整个滨水区连同腹地整体开放空间品质的塑造，将腹地功能、两岸历史与文化，沿线设施与景点综合统筹，把人们的活动从腹地引向滨江，真正让浦江东岸成为有魅力、有文化、有品质的多元开放的都市滨江活动区。

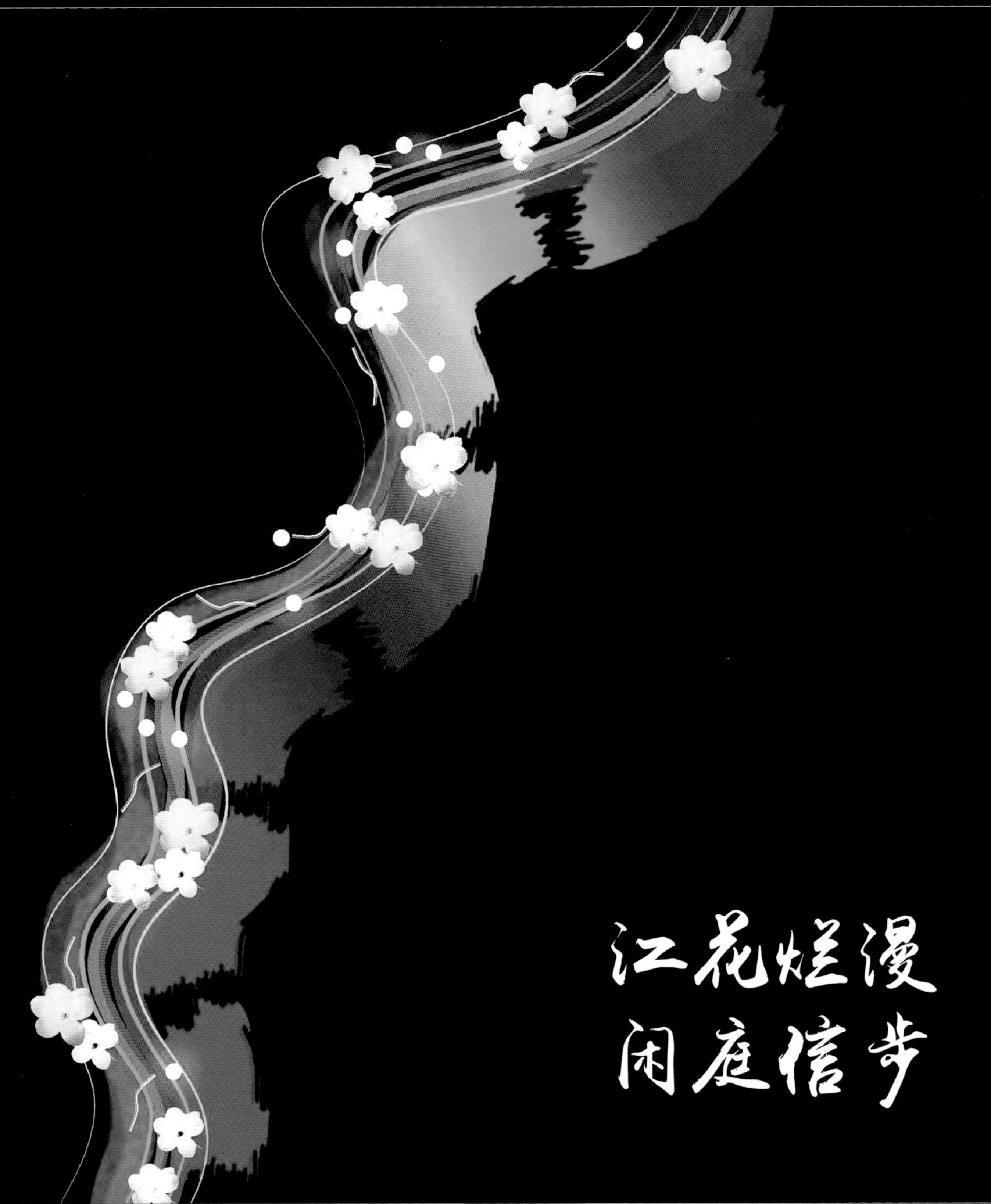
江花烂漫
闲庭信步

两岸贯通交响乐
东岸漫步进行曲

蓝绿之上谱写五线乐章，乐章上开出一朵朵烂漫的魅力“江花”，让市民容易来，喜欢来，经常来东岸滨江漫步，参与各类健身休闲活动，融入城市公共生活之中。“还江于民”，浦江的东岸是城市每一个人的天地舞台，是彼此共同的魅力客厅。

蓝绿五线谱
东岸上河图
都市共舞台
市民大客厅

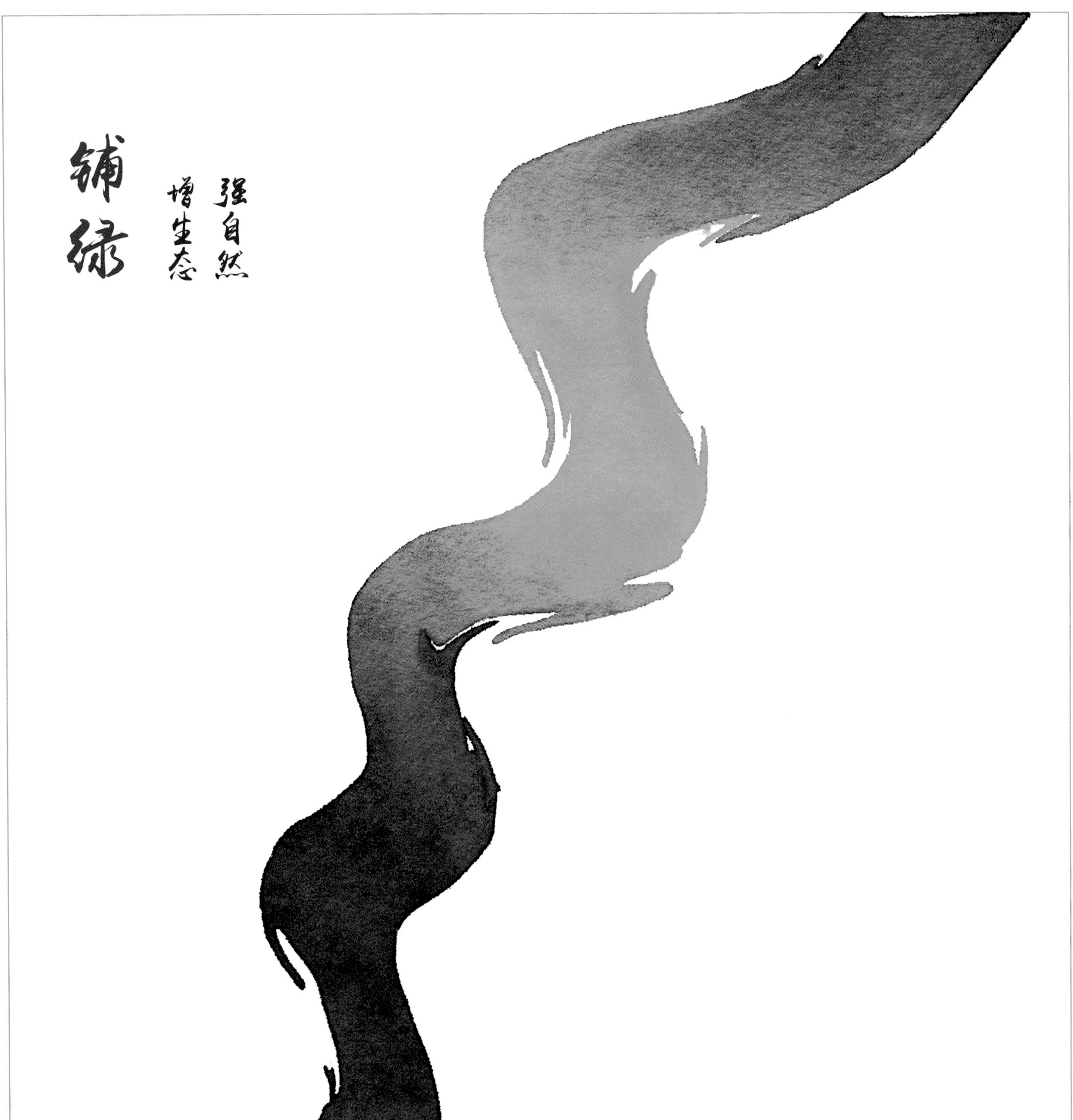
铺绿
强自然
增生态

核心策略
Core Strategies

黄浦江东岸公共空间贯通规划设计紧密围绕资源禀赋和总体目标，提出了五个核心策略。

铺绿——增生态、强自然

以自然为本底设计，构建亲水怡人的绿色岸线，融入地区生态格局。充分尊重浦江自然形成的湿地、林地系统，结合防汛堤的改造，利用河口、桥下等空间形成生态锚固点，建立满足生物需要的多样生态空间体系，形成向城市腹地渗透的水绿交融的生态环境。

铺绿策略整体侧重三个方面的打造，首先是江岸纵向立体铺绿，形成低线生态湿地、中线江滩疏林、高线绿坝森林的整体格局；其次是横向蓝绿交织成网，与河流蓝色廊道、重要垂江绿地廊道紧密结合，向城市腹地渗透；再者是生态节点增效，在重要的生态节点如世博、前滩、三林等地区强化整体生态环境，形成两百万棵树的城市级森林生态效应。

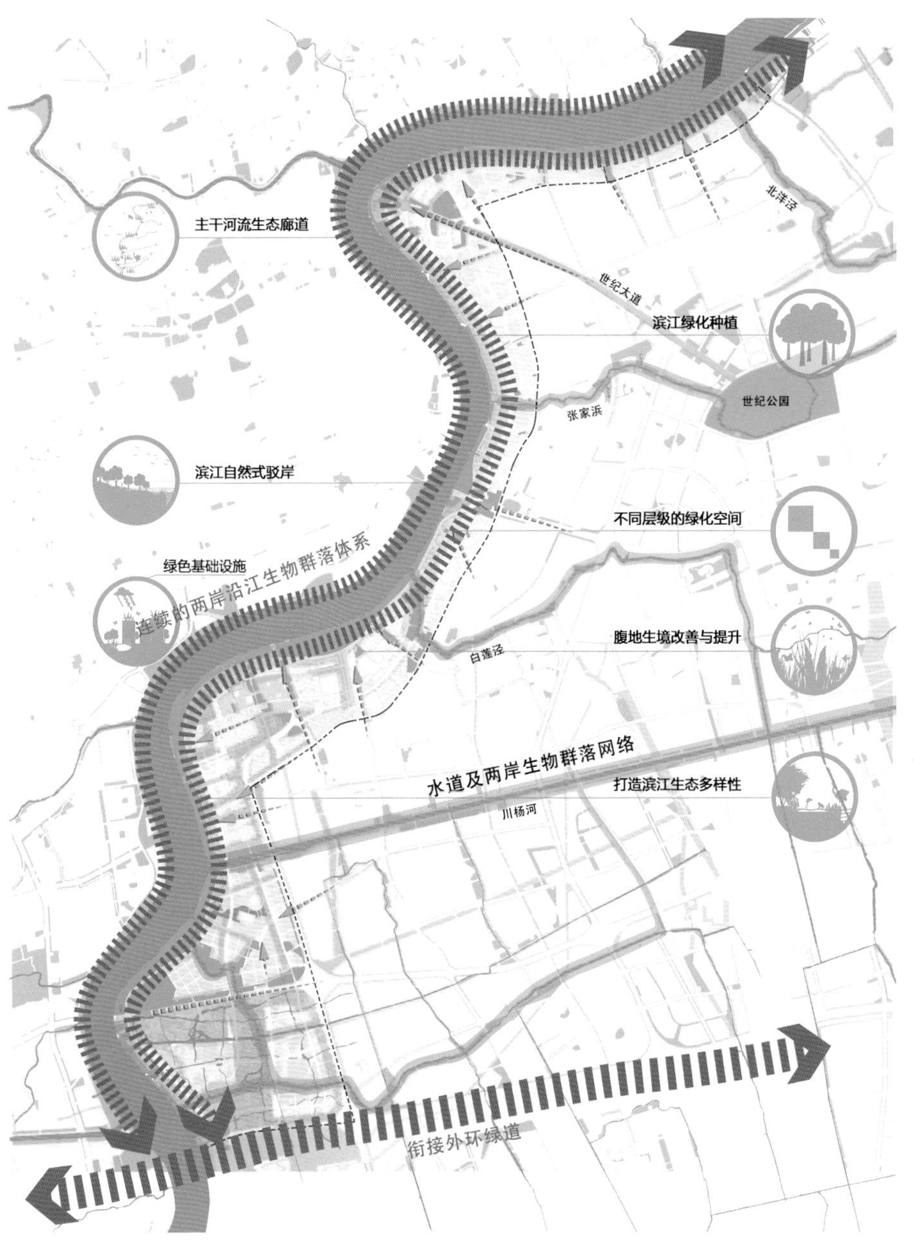

纵横蓝绿交织成网的城市级生态格局与效应

穿线
凌波微步
林间漫步
闲庭信步
五线联动 三线先行
银线 预留空轨
金线 水上游览线
高线 绿坝之上骑行
中线 林间漫步乐跑
低线 探索近水亲水

穿线——五线联动，三线先行

对行为与速度进行重新组织，“慢行三线”低线亲水漫步道、中线林间跑步道、高线堤上骑行道特色鲜明，连通南北，嵌入未来腹地公共空间慢行网络。

低线漫步道宽度不小于 6 米，适合市民亲水近水，漫步嬉戏，同时串联绿地景观、文化设施、工业遗迹、码头建筑等，形成普及浦江文化、叙说城市历史的场所。漫步道通过现代化设施和游人全方位互动，是一条惊喜不断的体验路线。

中线跑步道是南北全程贯通的无障碍主轴线，其单独设置时宽度不小于 3 米，并可与漫步道或骑行道合置，相对其他步道，享有优先权。跑步道上配置各类服务设施，串联活动节点，营造人性化、轻松愉快的跑步健身氛围。

高线骑行道以健康生活为主题，提供充满活力的林荫运动带，单独设置宽度不小于 4 米，鼓励体育健身，营造舒适安全、流畅连续的运动氛围。骑行道串联所有的交通站点，与城市交通系统密切相连，适合快跑和慢骑行。

水上游览线讲究水陆连通，沟通两岸，让市民游客畅意感受两岸风貌。预留的空轨线路作为慢行系统的特色补充，保证整体空间的开放通达。慢行三线与水上游览线、预留空轨线共同成为东岸滨江的“五线谱”，统领全线的多重滨江体验。

“慢行三线”联通南北与浦东腹地形成整体慢行网络

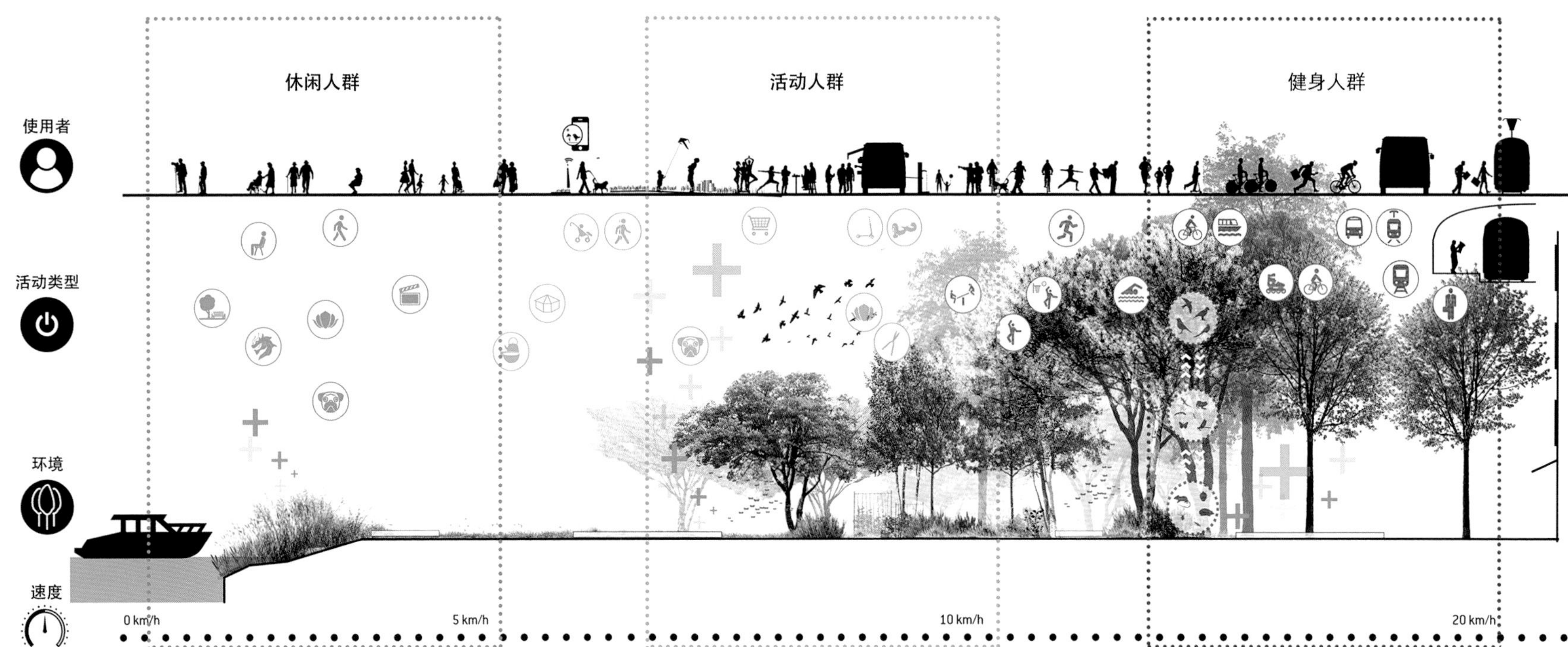

以人的速度行为划分的“慢行三线”

低线漫步道

中线跑步道

高线骑行道

体育健身 | 快跑+慢骑行

高线骑行道

预留滨江空轨

水上游览线

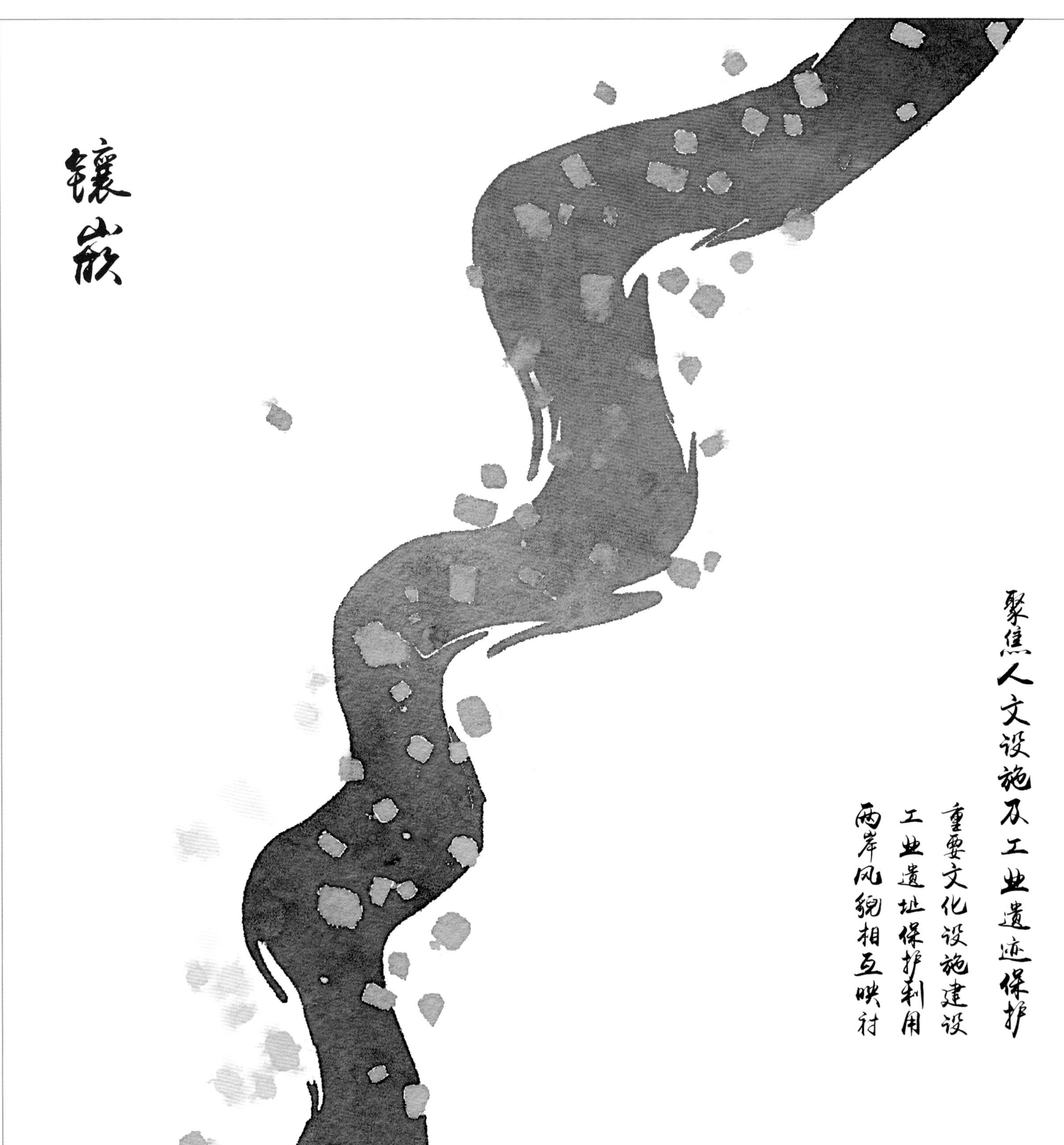
镶嵌
聚焦人文设施及工业遗迹保护
重要文化设施建设
工业遗址保护利用
两岸风貌相互映衬

镶嵌——聚焦人文设施和工业遗迹的保护

重要文化设施、工业文化遗存、景观节点，都是人们去往滨江重要的目的地和吸引点，汇聚滨江空间中最璀璨的人文内涵。浦江东岸注重城市发展与历史文化的衔接，加强历史建筑、工业遗存的修缮利用和功能再植，在历史文脉的基石上装载新的滨江文化。

规划侧重保护城市文脉，包容场地过去的工业遗存，加入整合使用；规划注重结合特色建筑、文化场馆等文化设施，展现多元精彩的滨江风貌，注重滨江两岸风貌的相互映衬；规划根据不同人群需求，设计别具特色的滨水活动主题。

镶嵌策略——东岸各类人文设施与工业遗址布局图

覆盖

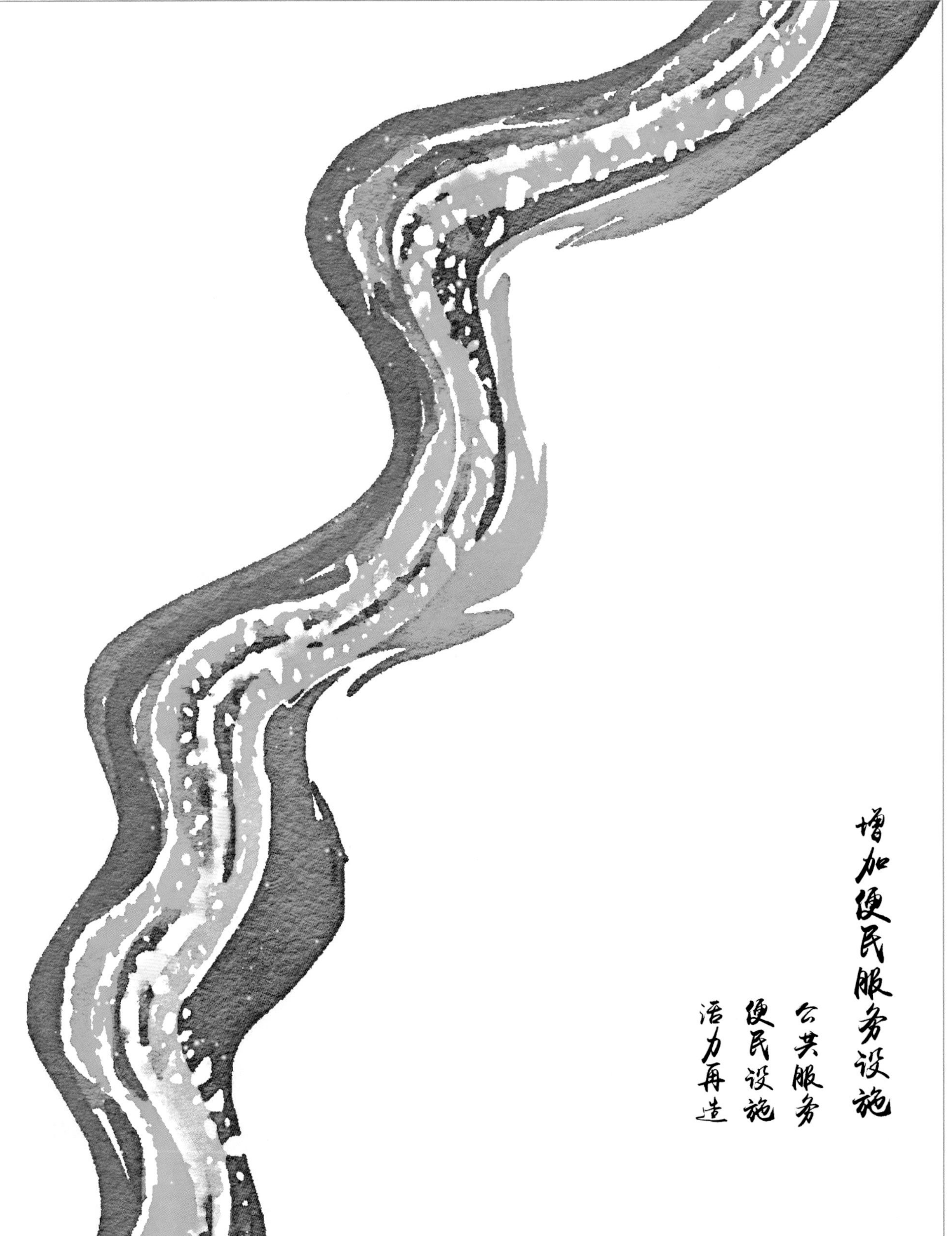

覆盖——提供各类便民服务设施

重塑便民亲民的活力滨江空间，以布局均衡为原则，完善公共服务功能。建立完善慢行系统，补充相关配套设施；合理布局各类休憩广场、市民活动空间，为多样活动的开展提供舒适宜人的场地。在充分利用现有设施的同时，适量新增具有特色的服务设施，与象征东岸地区的特色构筑物相结合，形成具有辨识度的景观标识。通过景观手段优化现状市政设施，协调环境视觉效果。鼓励市民步行出行，实现黄浦江沿江便捷人性的出行环境。

便捷的服务设施布局包括每隔100米布置座椅、灯具等景观家具；每隔300米设置公共活动空间；每隔500米设置公共厕所、游客服务点、便利店等公共服务设施；每隔1 000米布置特色构筑物。

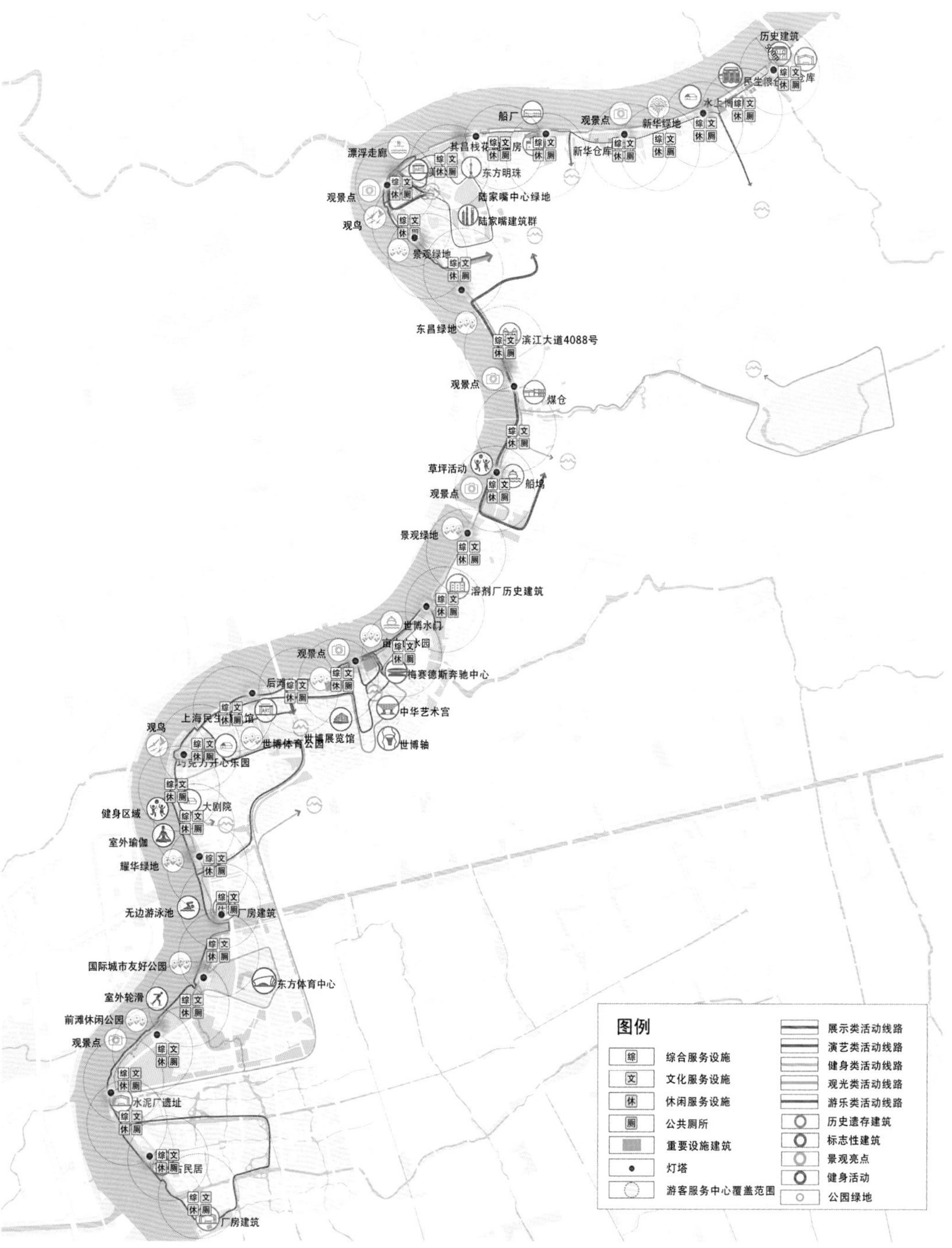

覆盖策略——提供各类便民服务设施

点亮

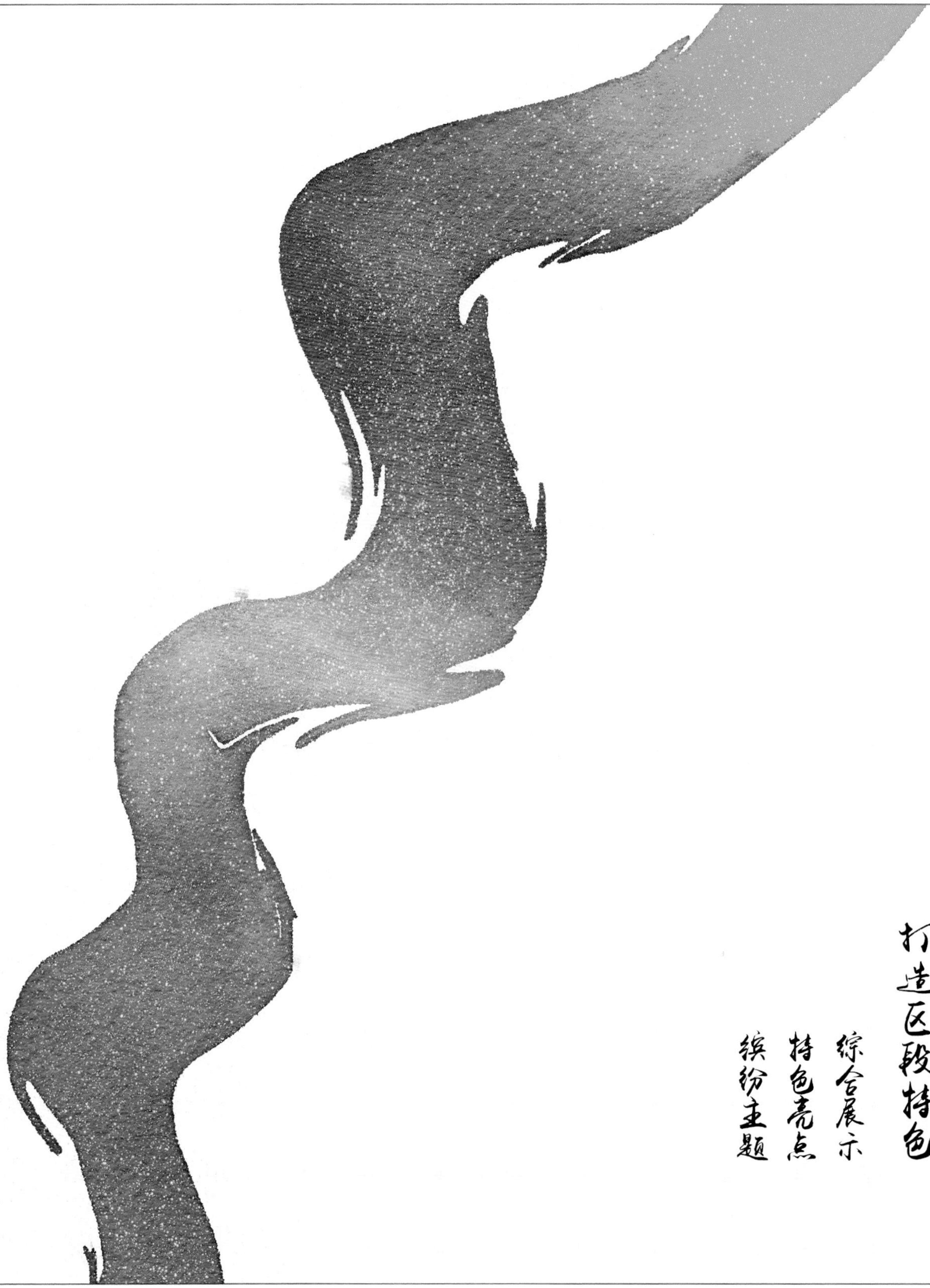

打造区段特色
综合展示
特色亮点
缤纷主题

点亮——打造各具特色的主题区段

突出东岸岸线悠长与其本身的自然禀赋，按照“三凹三凸”整合与展示岸线特色与主题。从北至南分别是：杨浦大桥到浦东南路的文化长廊段，浦东南路到东昌路的小陆家嘴多彩画卷段；从东昌路到白莲泾的艺术生活段；从白莲泾到川杨河的世博地区创意博览段；从川杨河到徐浦大桥的生态休闲段。东岸沿线突出区段自然与文化、历史特色，打造不同的主题与目的地，向上海市民乃至全世界游客展示黄浦江东岸公共开放空间独一无二的魅力。

五大特色区段

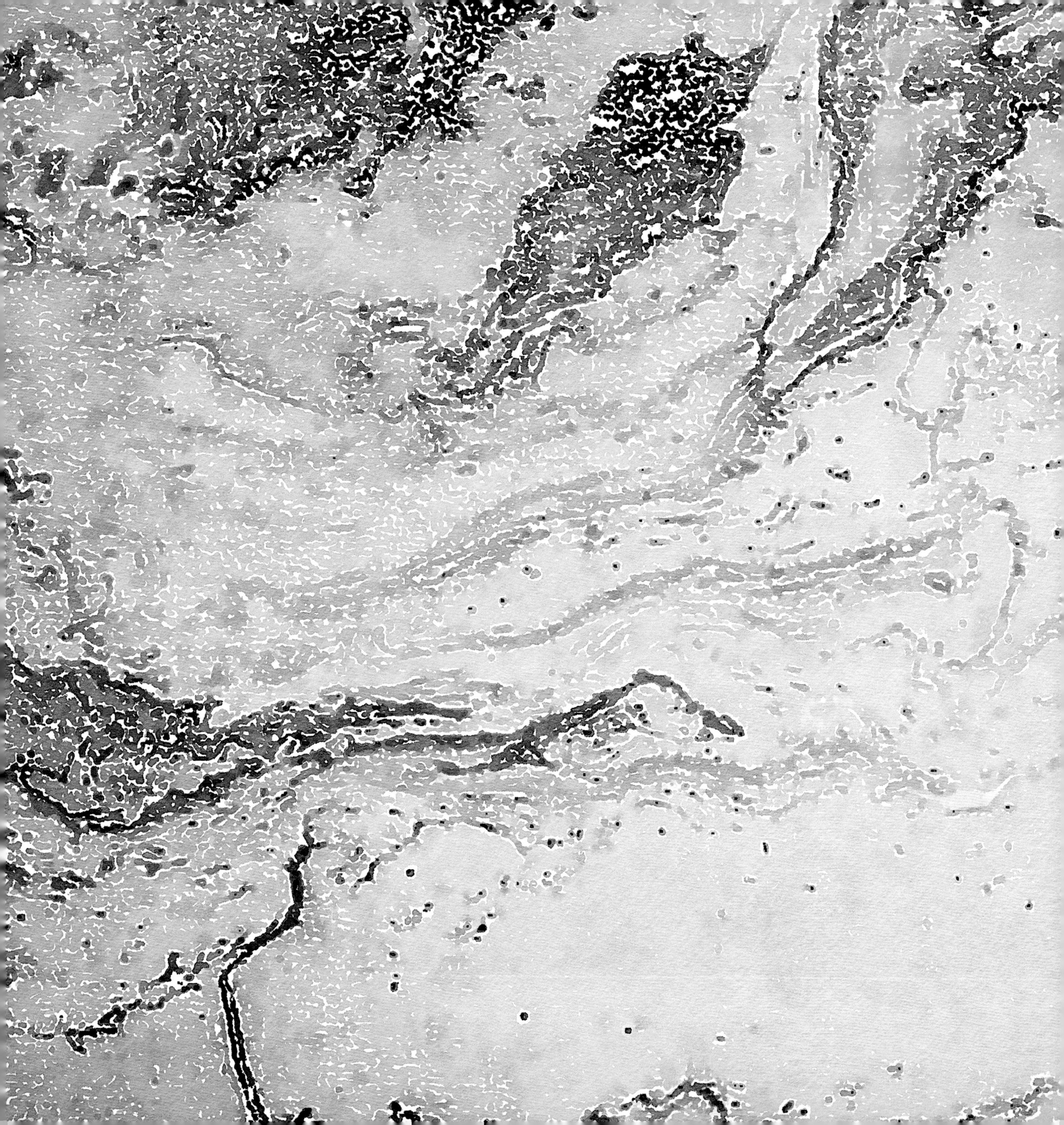

漫步东岸
WALKING
ALONG THE
EAST BUND

漫步东岸
WALKING ALONG THE EAST BUND

文化长廊
Cultural Corridor

多彩画卷
Colorful Pictures

艺术生活
Artistic Life

创意博览
Creative Highlights

生态休闲
Ecological and Leisure Space

《浦江东岸开放空间贯通设计方案》以黄浦江及其支流构成的蓝色水系网络作为基底，结合以城市公园、滨水绿带、街旁绿地构成的绿色公共绿地网络，共同形成浦江东岸新生活的空间基础。

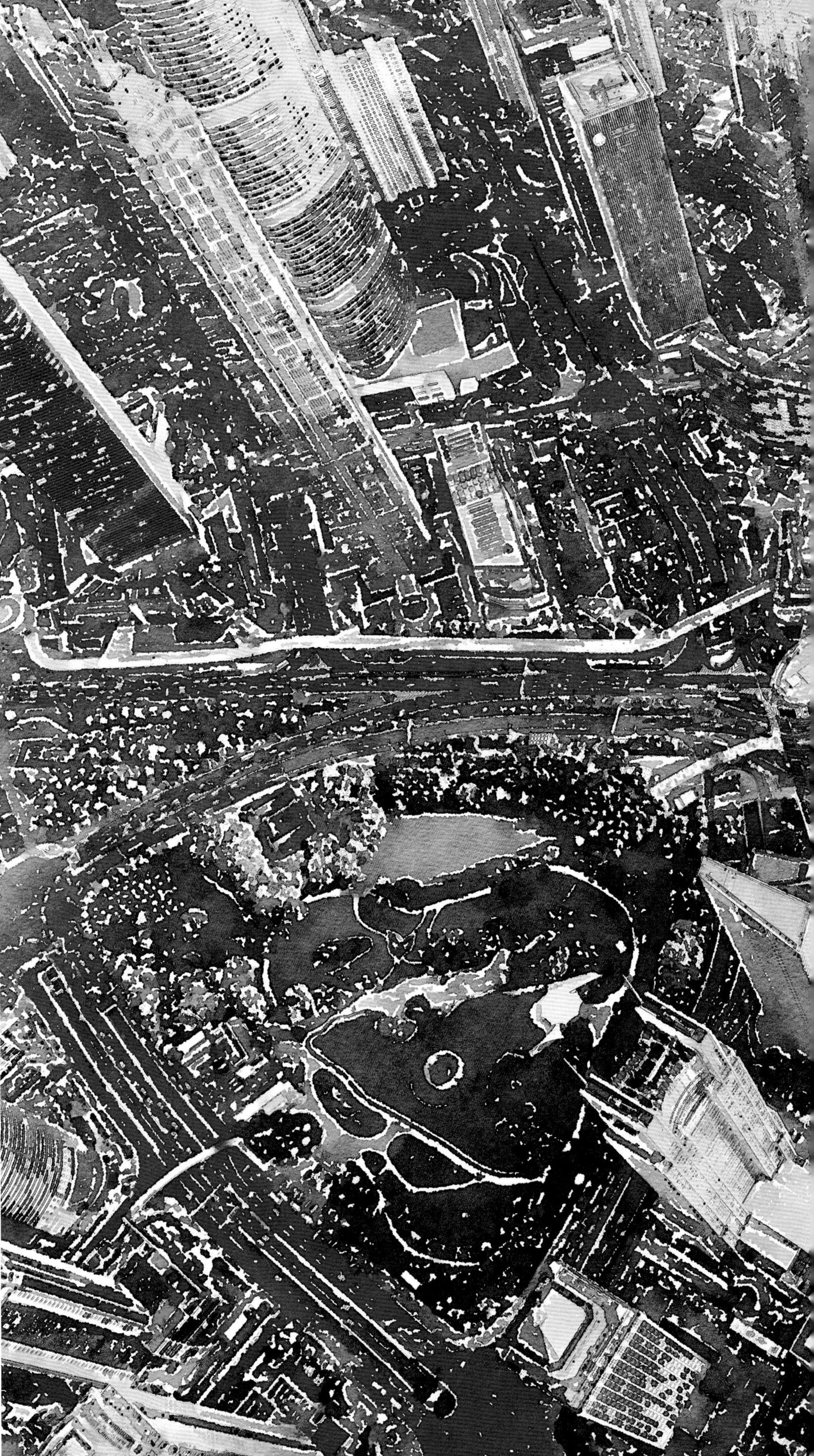

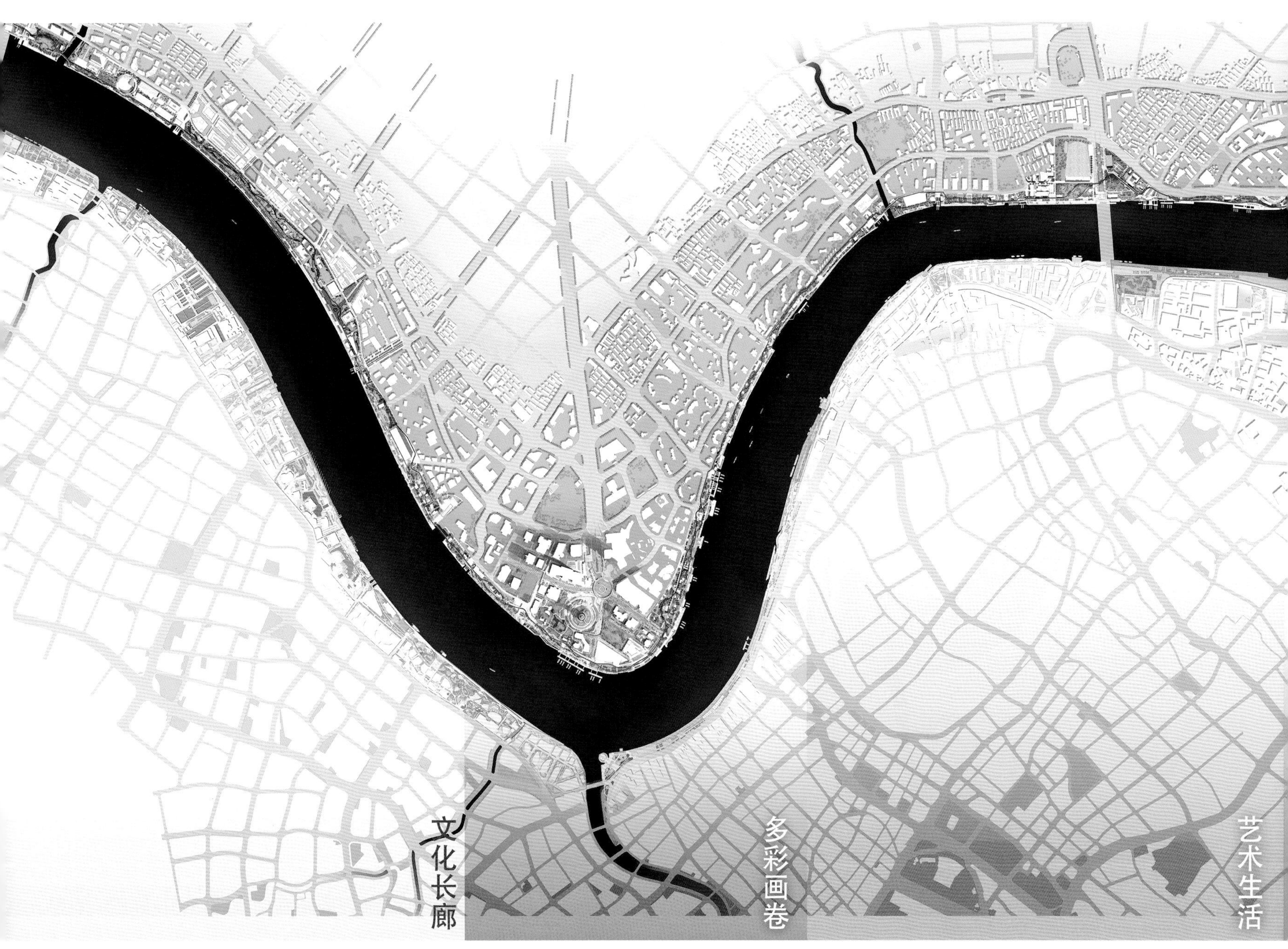
文化长廊
多彩画卷
艺术生活

以黄浦江及其支流构成的蓝色水系网络作为基底，结合城市公园、滨水绿带、街旁绿地构成的公共绿地网络，共同形成了浦江东岸新生活的空间场所。

依据其环境资源禀赋、腹地功能定位、活动人群需求和区域未来发展，将形成浦江东岸不同区段的发展定位。“文化长廊”（杨浦大桥—浦东南路）、“浦江秀场”（浦东南路—东昌路）、“艺术生活”（东昌路—白莲泾）、“创意博览”（白莲泾—川杨河）、“生态休闲”（川杨河—徐浦大桥）五个区段，共同构成浦江东岸空间新乐章。

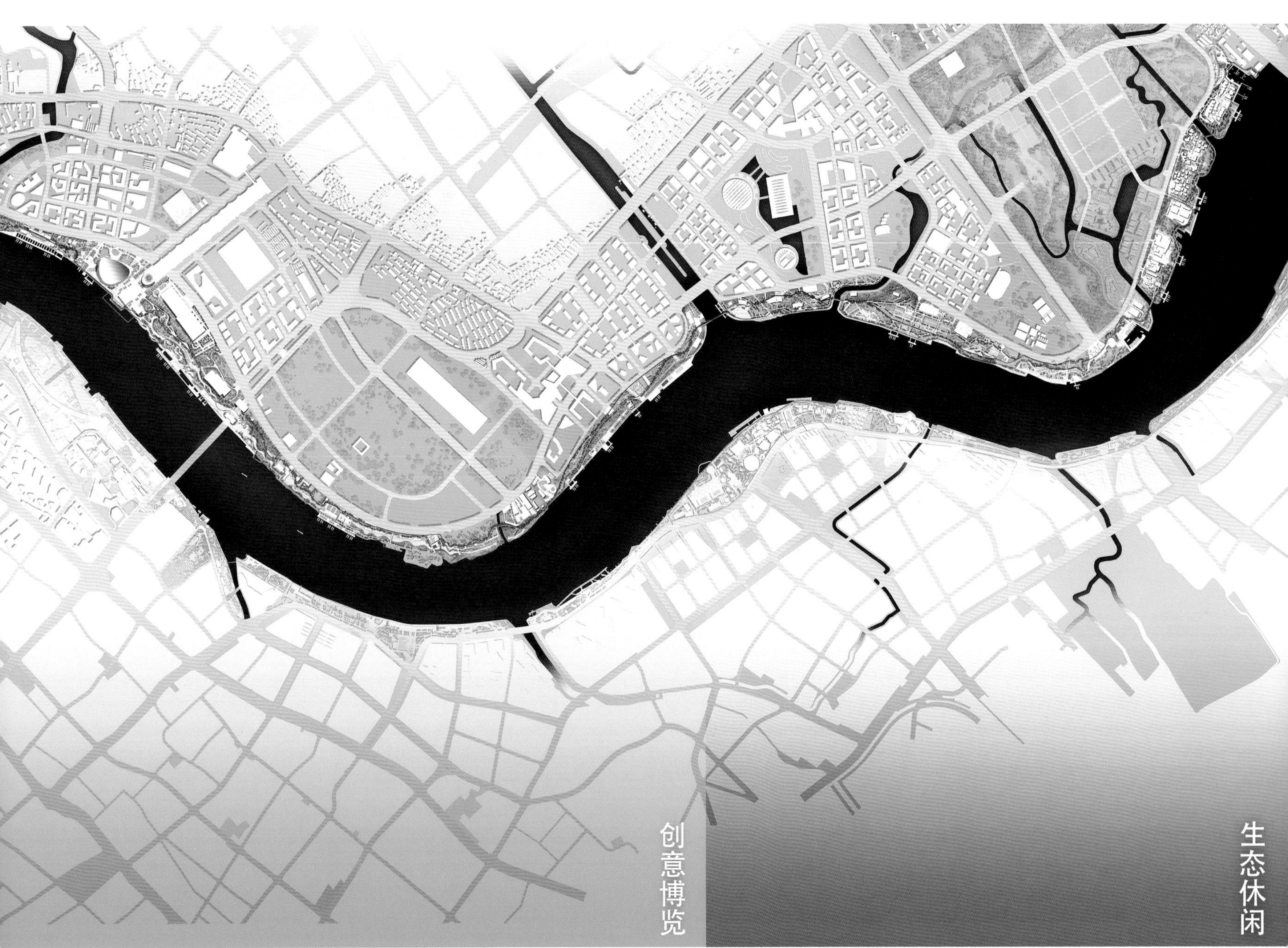

文化长廊
Cultural Corridor

历史是一个城市无法割断的血脉。历史建筑遗存作为城市历史的见证，更是体现了城市的文化与记忆。浦江东岸从杨浦大桥经船厂绿地延伸到小陆家嘴区段（杨浦大桥至浦东南路段），沿岸散落着丰富的产业建筑和历史遗存。自杨浦大桥始，漫步江岸，可以看到洋泾百年航运历史的文化记忆——歇浦路 8 号保留建筑，可以看到现代工业文明见证者——上海船厂，可以看到作为近代货运发展的象征——民生码头仓库，可以看到美轮美奂的欧式建筑群——其昌栈花园洋房……浦江东岸的产业文化脉络在这里一一呈现。

因此，这一区段主题被定位为“文化长廊”，以杨浦大桥滨江绿地为起点，泰同栈轮渡站为终点，串联杨浦大桥滨江绿地、洋泾绿地、民生艺术港、新华滨江绿地、其昌栈轮渡、上海船厂滨江绿地等重要节点，为市民提供丰富的文化展示和体验，打造浦江文化高地。

区段索引图

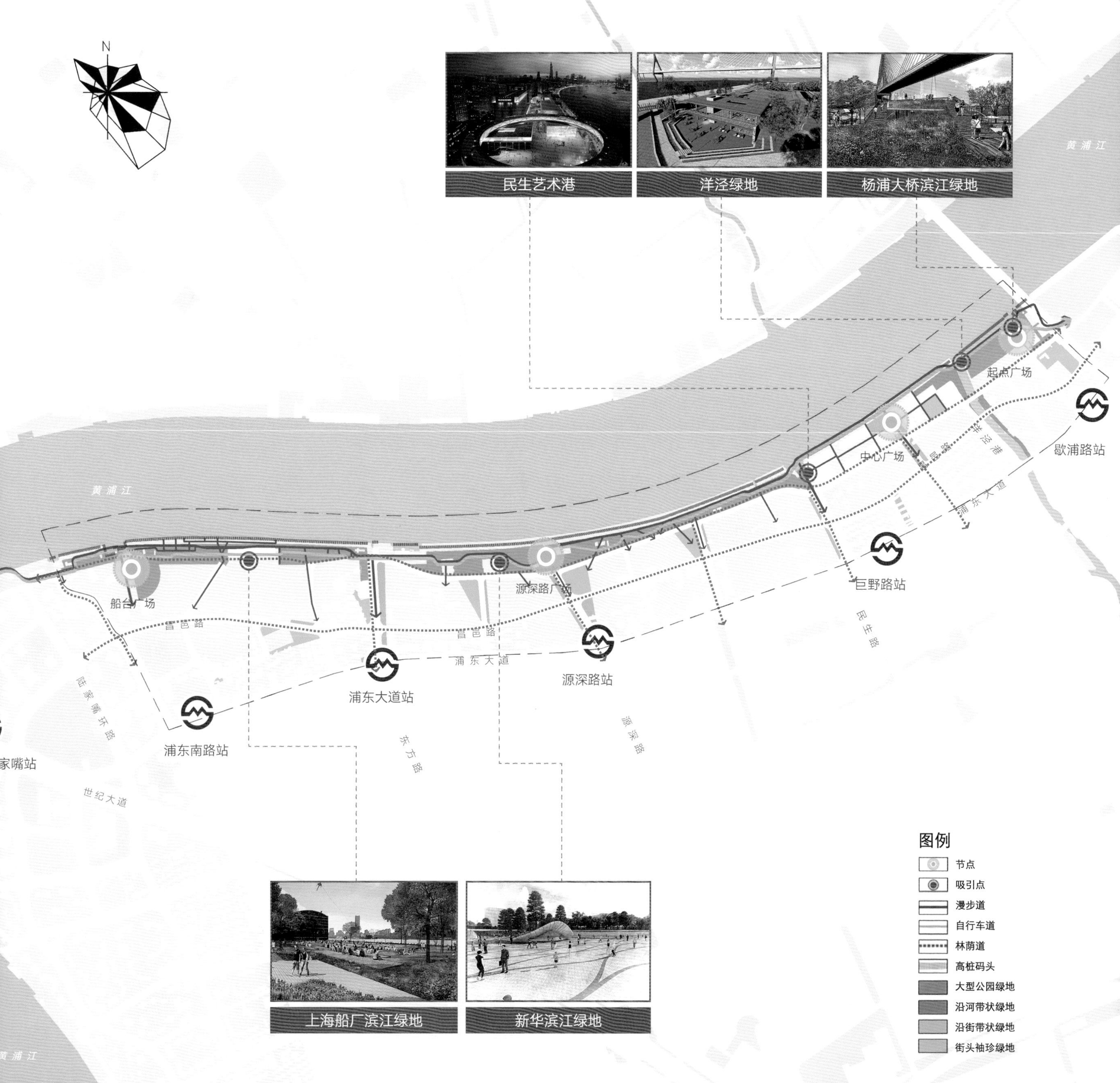

N
民生艺术港
洋泾绿地
杨浦大桥滨江绿地
黄浦江
起点广场
中心广场
洋泾港
歇浦路站
黄浦江
船台广场
源深路广场
巨野路站
昌邑路
昌邑路
浦东大道
浦东大道
民生路
浦东大道站
源深路站
浦东南路站
陆家嘴环路
东方路
源深路
世纪大道
上海船厂滨江绿地
新华滨江绿地
图例
节点
吸引点
漫步道
自行车道
林荫道
高桩码头
大型公园绿地
沿河带状绿地
沿街带状绿地
街头袖珍绿地
黄浦江

杨浦大桥滨江绿地

杨浦大桥滨江绿地规划为一个充满参与性与体验性的“家庭公园”，一个融合教育、探索、运动、休闲、观景等丰富功能的开放公园。

公园设计巧妙借用、顺势利用杨浦大桥的体量特点，将其视作大型“雕塑”，并将其利落的线条和构成感十足的形态引入场地的景观设计，创造集美观性、功能性、趣味性和体验性于一体的绿地空间，延续杨浦大桥的力量感和线条感，与杨浦大桥相得益彰。景观设计极具现代感，通过简练的几何造型和丰富的竖向变化与建筑完美的结合，创造出不同的功能体验区。

杨浦大桥区域滨江绿地效果图

歇浦路 8 号保留建筑——原亚细亚火油栈

歇浦路 8 号从始建到今天，经历了近代历史所有的重要时期。这些历史发生在上海，代表着繁荣的上海近代航运发展史、曲折的上海近代社会发展史，也正是中国近代经济发展史的缩影。

职工住宅（1 号楼）的风格为折衷主义英国样式，是在传统英式建筑风格的基础上结合工业建筑特点简化而来，四坡顶机平瓦，二层砖木结构，窗套带拱券线脚，具有浦东下游地区清末时期（19 世纪初）码头工业建筑的特征。改造后将成为供市民驻足游憩、休闲用餐的公共服务设施。

三幢保留仓库也通过建筑空间的改造和新功能的注入重新焕发活力——在原有的仓库区域置入轻餐饮、书吧、亲子教育等功能，为公众活动提供多元的建筑空间载体。

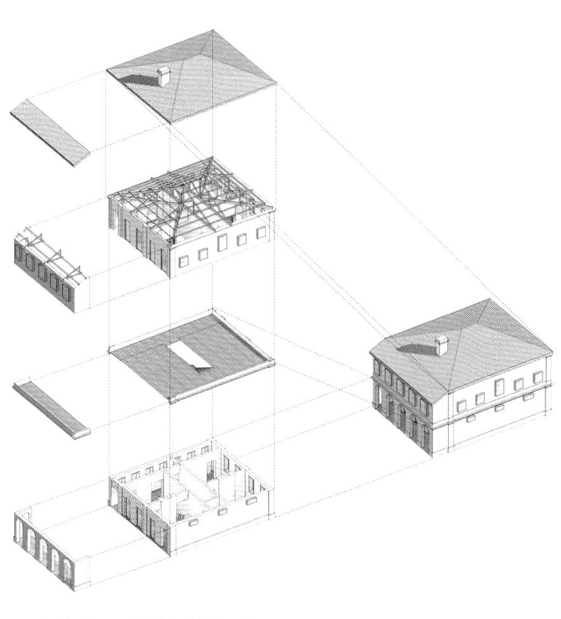

职工住宅（1 号楼）设计轴侧图

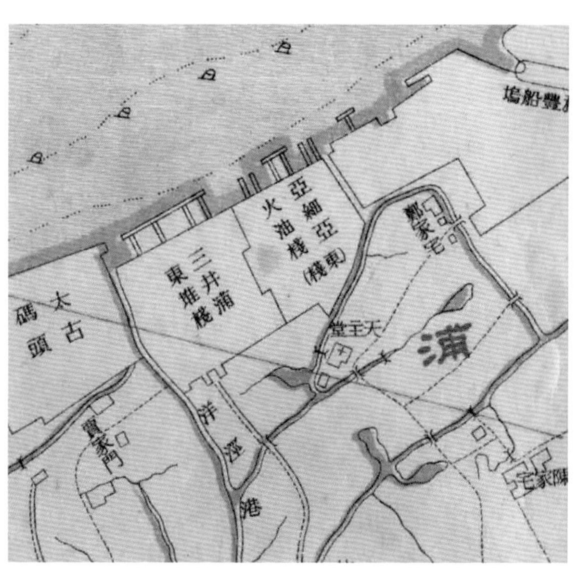

原亚细亚火油栈历史地图

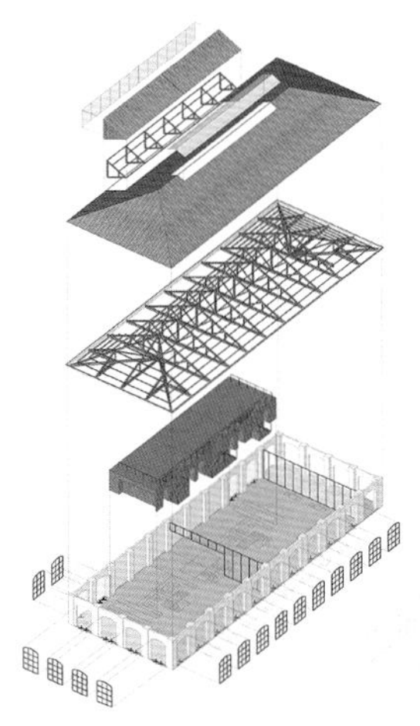

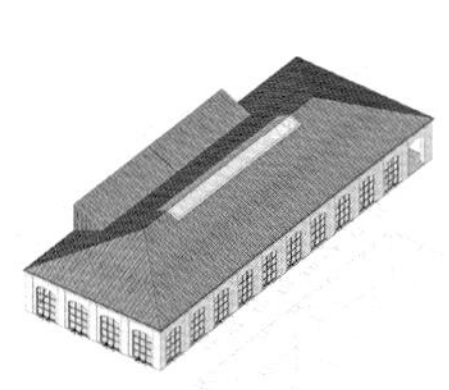

2 号楼设计轴侧图

2 号楼室内设计图

2 号楼鸟瞰效果图

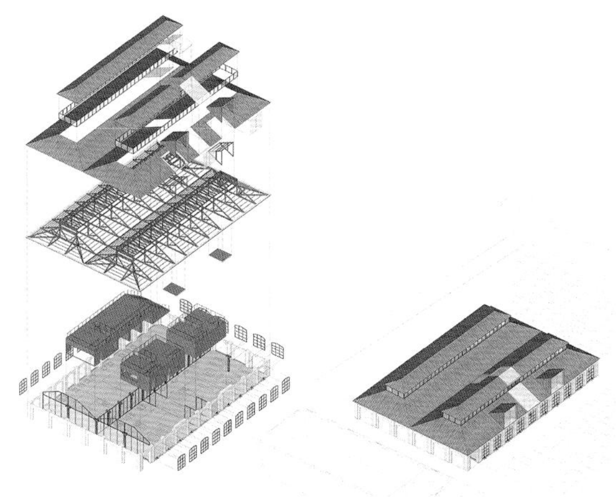

3 号楼设计轴侧图

3 号楼室内设计图

3 号楼鸟瞰效果图

洋泾绿地

洋泾绿地北临杨浦大桥滨江绿地，南接洋泾港，周边规划用地以高档商业办公用地为主，与浦西的杨浦水厂隔江相望。

洋泾绿地与北侧的杨浦大桥滨江绿地形成一个整体公园，融合教育、探索、运动、休闲、观察等多种功能于一体。洋泾绿地强调简洁开放、精致生态的设计策略，利用现状保留的 30 米宽高桩码头，将现有直立式防汛墙改造形成层层递进的退台式地形，避免阻挡观景视线，方便游客获得亲水体验。漫步于乌桕、银杏和红榉形成的彩叶乔木林带中，感受休闲惬意、沁人心脾的宜人空间，在洋泾港畔，赏彩虹般的云桥跨越河岸，回想浦东洋泾昔日车船繁忙的航运历史，工业的“锈线”转而变为生态的“绿线”，带来巨大的冲击力，让人久久不能忘怀。

洋泾绿地效果图

洋泾绿地、民生艺术港平面图

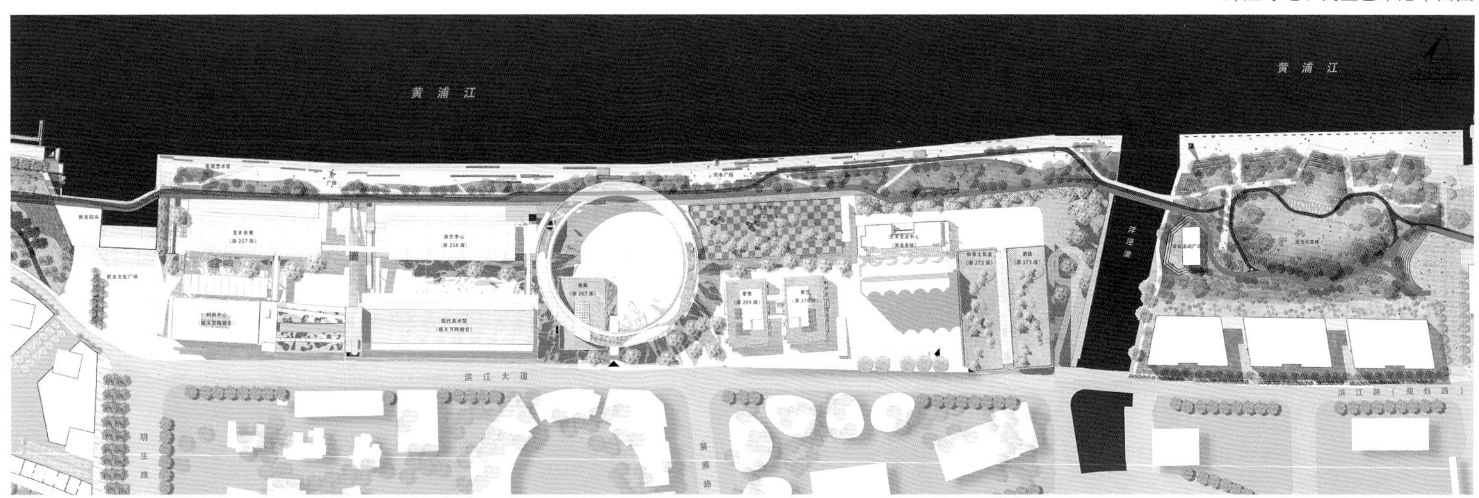

洋泾绿地鸟瞰效果图

洋泾港云桥

洋泾港云桥位于杨浦大桥旁的洋泾港，为浦东东岸第一座慢行桥梁。洋泾港宽约 45 米，两侧场地高差近 2 米，且需满足洋泾港桥底通航的最低标高要求。该云桥的设计概念为“慧泓桥”， 结构形式为钢结构异型桁架桥，曲线形态优美，主桥宽 10.75 米，跨度 55 米。设计将结构、功能及造型三者结合， 利用高差分流快速及慢速流线。整体造型轻盈，如彗星划过天际，勾勒出浦江东岸的崭新气象。跨洋泾港，指陆家嘴，清水一道为泓，结构如弓，隐喻浦江东岸第一桥、蓄势待发之张力，是为“慧泓桥”。

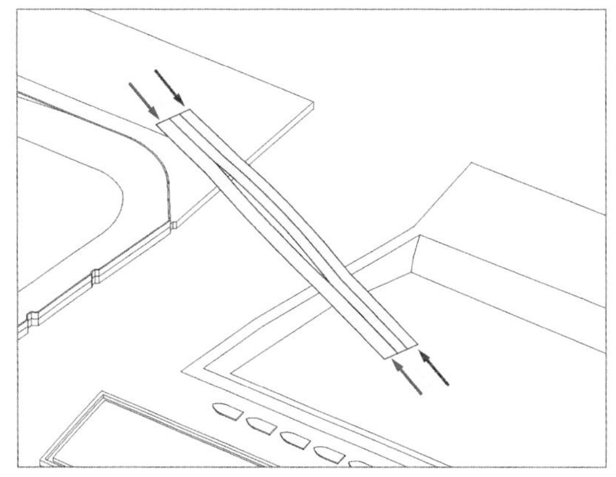
利用高差分流快速和慢速流线

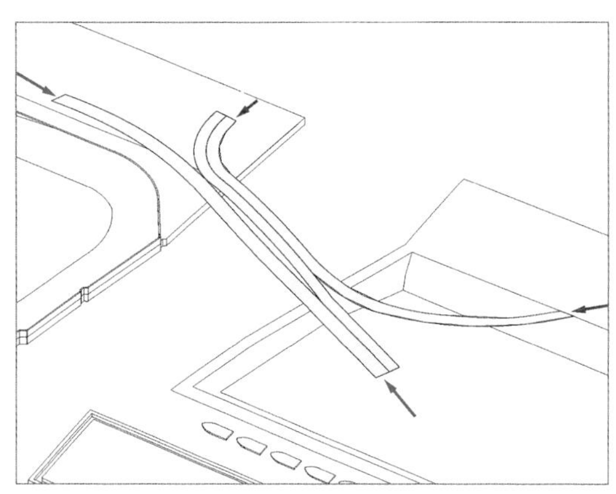
弯曲线形，回应周边景观视线

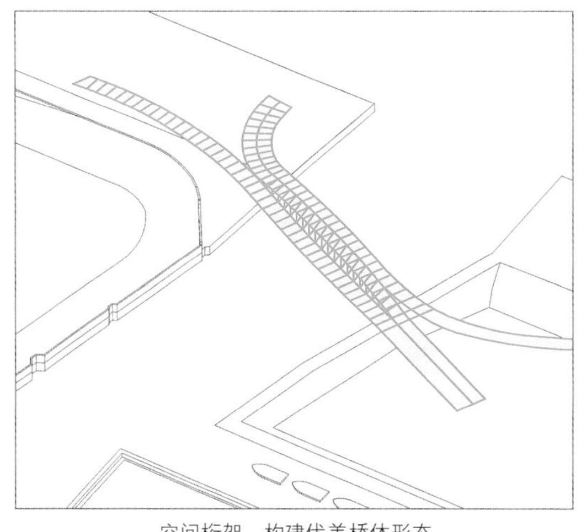
空间桁架，构建优美桥体形态

从桥底仰视洋泾港云桥

洋泾港云桥夜景

民生艺术港

民生艺术港位于民生路轮渡站与洋泾港之间，北临黄浦江，南侧为民生地块。由东向西为历史保护建筑物、8万吨粮仓及廊道等现状构筑物。民生码头在清末和民国时期被称为远东最先进的码头，有着超过 100 年的历史。

在工业码头向艺术港的转型过程中，提出“艺术 + 日常 + 事件”的总体设计理念，将民生艺术港区域打造成既适合平日休闲游憩活动，又满足艺术创意需求，同时可承载大型文体节庆活动的综合区域。民生艺术港的户外场地处理形式丰富多样——由开放广场形成空间序列，

民生艺术港日景鸟瞰图

打造连续的场地绿轴和滨水带；连通屋顶，形成“高线公园”。

在建筑改造更新方面对现有的工业遗存进行了归类利用，将特别高的建筑空间用作展览用途、大型厂房空间用作演出空间，而小型室内空间作为生产制作空间，充分配合和利用各类型建筑的空间使用潜力，形成一套按功能分区规划的策略。具体的建筑改造策略首先是功能连接——通过一系列新体量将场地现有的建筑和开放空间重新组织起来，使其更紧密地连接为一体；其次是新旧融合——新增的建筑均“飘浮”于旧建筑上方，形成统一的姿态；另一种则是落在地面的棚状结构，以轻盈的“覆盖”姿态定义新的公共空间。

通过对保留工业建筑的改造与更新，民生码头区域将建成集艺术会展、时尚中心、美术馆、景观餐厅、实验剧场等文化休闲功能于一体的综合中心。

延续历史文脉，采用“蓝烟囱”作为森林步道名称。在开阔的江边打造大片树林，在树阴婆娑中穿行，享受片刻光影的暧昧与江风嬉戏。位于码头中央的民生艺术广场可以作为举办大型活动的公共舞台，大台阶的设计容纳停留及观景的功能， 捕捉时时刻刻的日光脚印，感受时光变化，江景如画。这里拥有黄浦江东岸对陆家嘴金融区的最佳观景视野，能够饱览浦西浦东两岸的城市天际线。利用现有顺岸廊道改造高架慢行步道，拥有俯瞰江景的独特游赏体验。廊道下方，采用多种芳香植物营造了暗香浮动的沁香花园，穿梭其中，享受空气中的独有香甜，并结合民生艺术港的特质，成为室外艺术品陈列的场地，结合现存工业遗存及自然环保主题， 将 " 森林 , 阳光 , 空气 , 艺术 " 四大场景呈现于大江大岸。

民生艺术港夜景效果图

民生艺术港夜景效果图

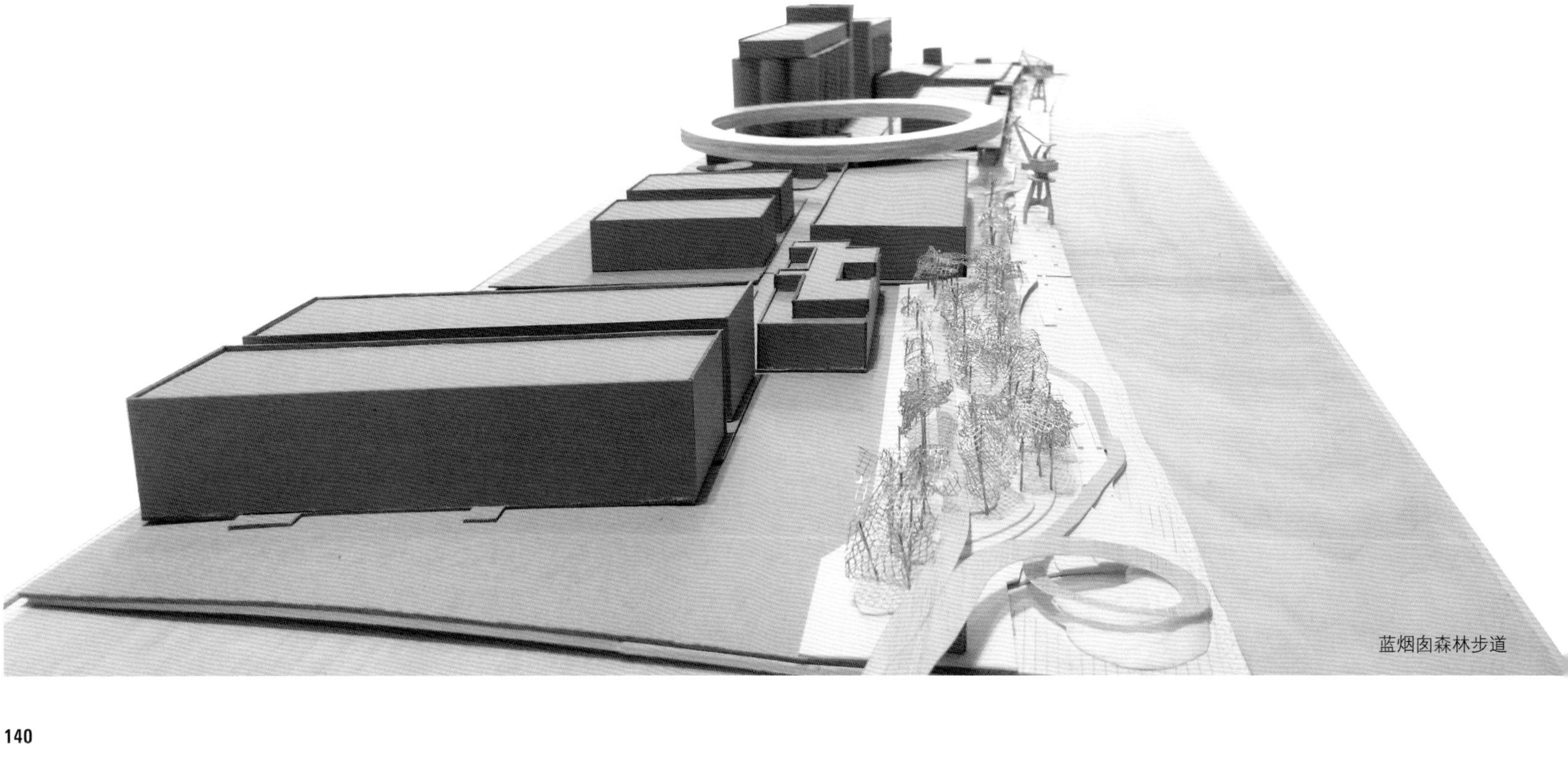

蓝烟囱森林步道

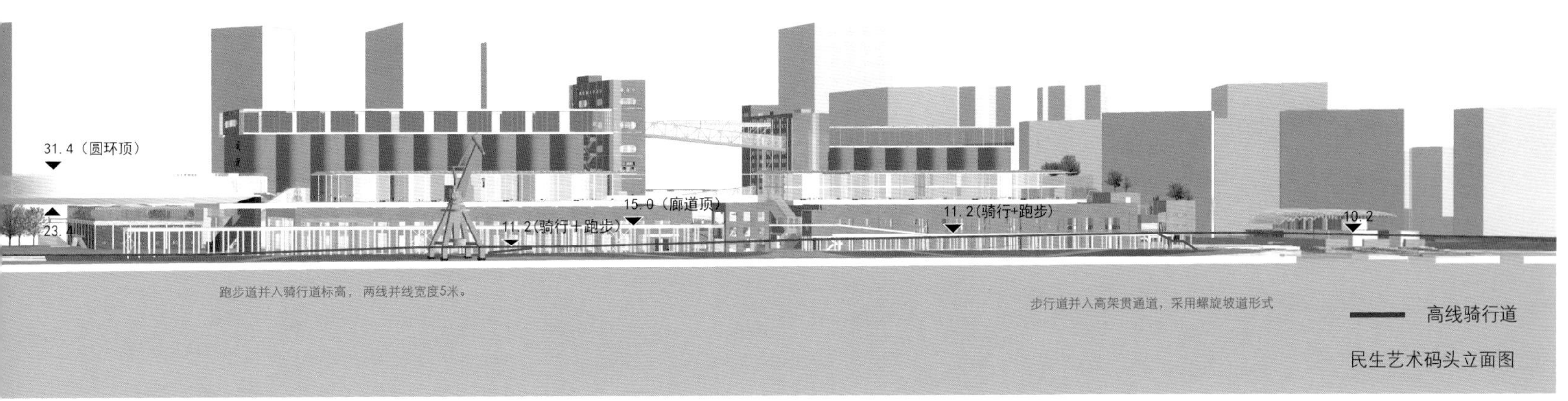

民生艺术码头立面图

民生塔吊及民生艺术广场

民生码头滨江漫步

民生广场

民生艺术港东区广场景观棚架

民生艺术港粮仓绿州改造

未来美术馆（原八万吨粮仓）

临江艺廊

未来美术馆内部空中连廊

文化生活馆（原 258 库）

体验馆（原 257 库）

新华湾

新华湾东接民生艺术港，西连上海船厂滨江绿地，串联民生路、桃林路、源深路、福山路、东方路等重要城市街道，集滨江大道、城市广场、开放式公共绿地等为一体，突出文化休闲和体验功能，是打造浦江文化高地的重点项目。

新华湾平面图

贯通前的新华湾－32 米进深的高桩码头

贯通前的民生路轮渡站

以“简洁优美，浪漫轻松”为设计原则，新华湾将成为具有国际高水准和浓厚健身、艺术氛围、公益性质的公共绿地公园。其在与主要的城市交接点形成三大城市广场：

民生路轮渡站区域依托民生艺术港西入口，形成民生文化广场。该广场通过一个略微低的广场和贯穿其上的东岸连接桥，将周边的民生艺术港西入口、滨江大道、民生路轮渡站、2号灯塔、新华绿地和黄浦江汇聚在一个空间。平时是用作休闲活动广场，供市民游览观江运动健身；节庆时这里将变成一个狂欢的舞台，东面的民生艺术港高架廊道、西面的新华绿地欢呼台、上方的东岸连接桥将是最好的观众席。广场周边的坡道台阶将复杂的交通有机疏导。

从民生路看滨江文化广场

2 号灯塔作为民生文化广场标志性构筑物

源深路的港口广场位于新华滨江的中点，借 3 号灯塔，成为新华滨江沿江游艇码头的主要入口。从这里向东是柔性滨江段，向西是双层水岸，承前启后，贯通城市腹地和滨江。

福山路两座工业遗存建筑之间的百子广场是双层水岸城市滨江段的核心。防汛墙的驼峰高差通过舒缓的广场坡道在不知不觉中化解。有别于其他广场用于大型节庆活动的场地要求，百子广场中间的百子山是一个鼓励大人和孩子自娱自乐的乐园。百子山通过现代的语汇诠释传统的造园手法，将百子广场“百子同乐”的定位生动展现。两侧利用高差设置了凹壁以提供露天休闲座椅，是双层水岸城市滨江段的核心。

桃林路滨江公园入口处覆盖的遮阴棚架提供既公共又人性化的入口氛围，作为通江林荫道的延伸，将游人一直引到江边。入夜，廊架内置的夜灯散发出柔和的灯光，恰到好处，轻松浪漫，题作“云篷”。在石阶坡滨江段，设紫藤凉架于石阶坡江边近水处，家长于此可远观儿童于石阶坡嬉戏游玩，又可相互交换育儿心得，名为“语篷”，是老幼同乐的好去处。

公共绿地里的植树以曲折丰盛的树木为主体，形态有如洛神起舞，故称“舞林”。布局左右彼此互不平行，概念来自山水画的布局，高低错落，曲折延绵的路径采忽分忽合的动线设计，骑行道、跑步道及漫步道以较大尺度构成迂回路径的情境基调，是曹植《洛神赋》中的“翩若惊鸿，婉若游龙，荣曜秋菊，华茂春松”的园景化诠释。

骑行道、跑步道与滨江空间效果

源深路港口广场鸟瞰

3 号灯塔作为港口广场醒目的标志物

舞动森林为不同人群提供不同的活动空间

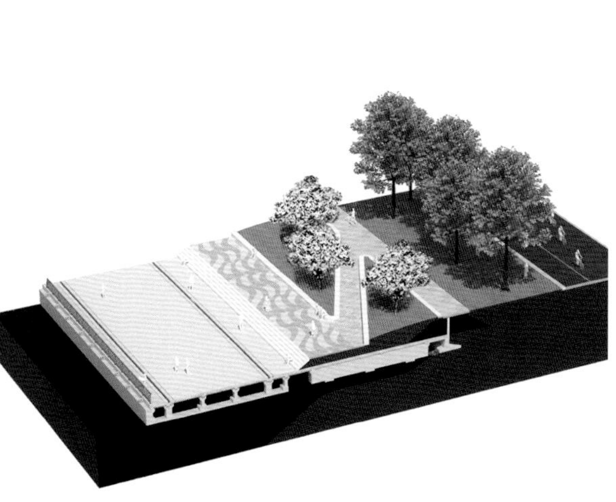

滨江步道提供开放和遮阴两个不同的空间层次

从滨江看双层水岸与百子广场

双层水岸提供滨江不同的空间体验

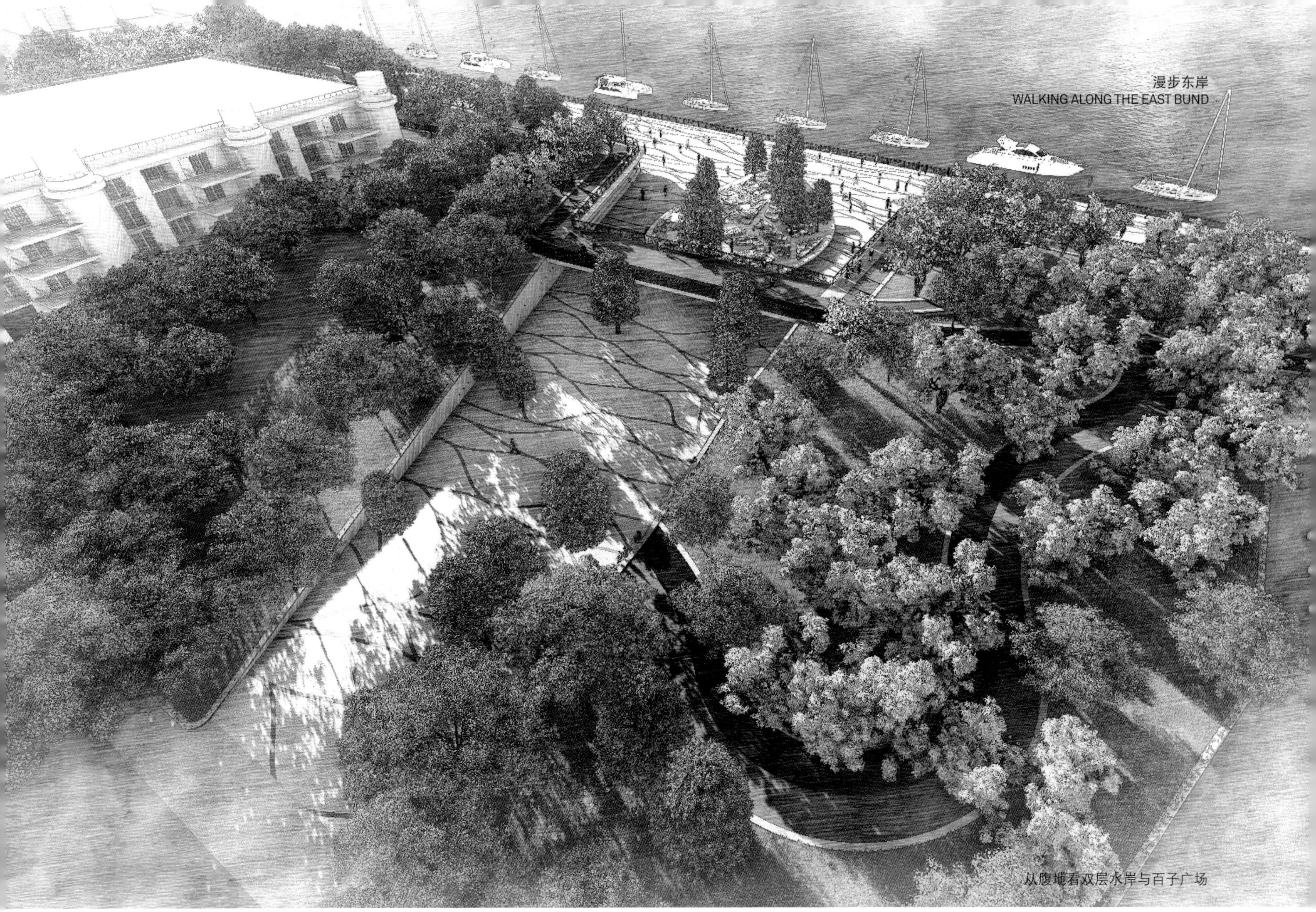

从腹地看双层水岸与百子广场

从滨江看百子广场

百子广场

桃林路滨江入口广场的“云篷”遮阴构架

滨江入口广场的遮阴棚架作为腹地林荫道的延伸

紫藤廊架

其昌栈（原世博水门）前的水晶花园连接新华湾与船厂滨江绿地

水晶花园

其昌栈渡口云桥以跨越水门与轮渡站的双线（人行与骑行）双分作为主要设计理念

立体化的云桥对不同使用人群进行流线疏导

云桥提供驻留赏景空间

船厂滨江绿地

上海船厂前身为招商局造船厂和英联船厂（1862年建厂），1951年，英联船厂与原招商局机器制造厂合并改称为中国人民轮船公司船舶修造厂，1954年原上海船厂基本成形。上海船厂见证了中国造船事业从修船发展到造船，从自力更生、艰苦奋斗到改革开放、走向世界的全过程，是中国造船事业发展的一个不可多得的缩影，保留的老厂房和船台具有丰富而深刻的历史价值和文化内涵。

船厂滨江绿地作为沿黄浦江改造开发的重要地区，紧邻已基本建成的陆家嘴金融中心，将承担功能延伸的作用，打造良好的区位优势，隔江与正在改造的北外滩地区相望，视野内包括外滩风貌区，凝聚了现代与历史。

船厂滨江绿地的设计风格雍容大气，通过镜面水池、月亮湾等地标性景观节点，有效提升整体景观风格，跌水台阶与草坡台阶相映成趣，在硬质景观建筑中融入柔和的水元素，平添自然野趣。景观整体按功能结构可分为自然花园、演艺大草坪、户外剧场、音乐广场及雕塑花园、森林花园、自然草甸花园及水池、演艺广场等部分。

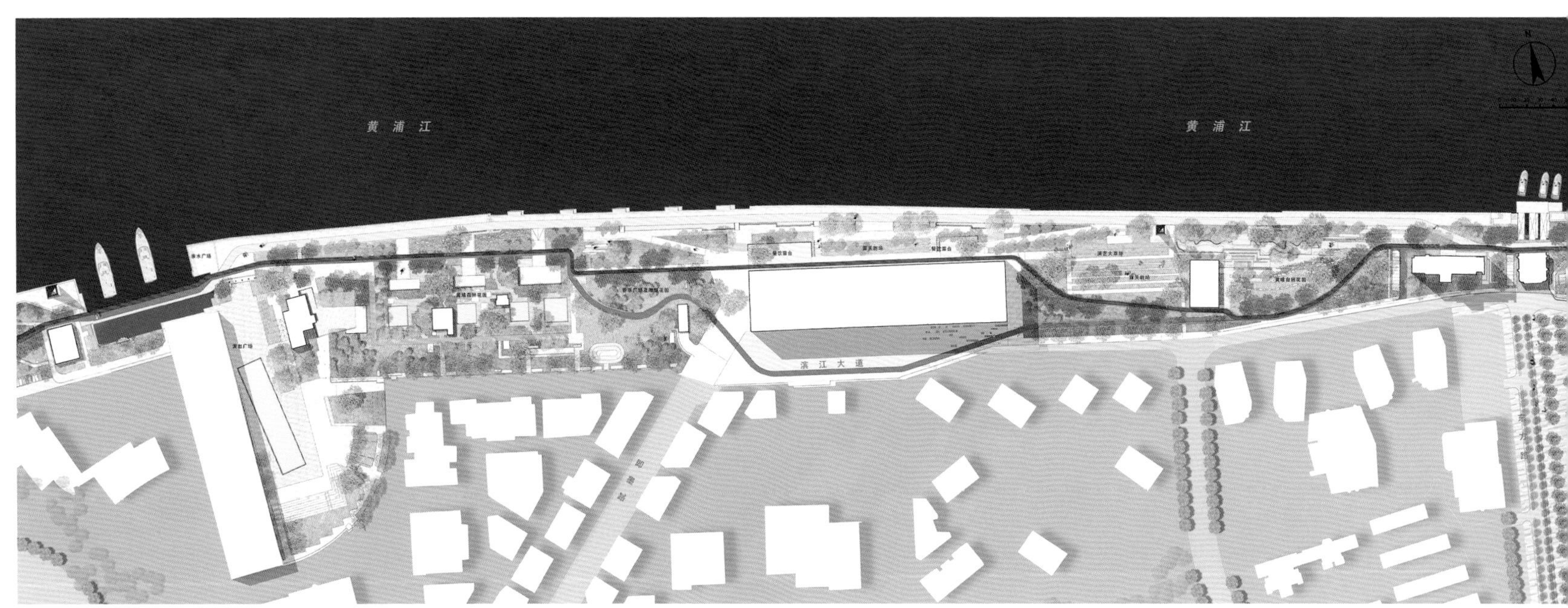

船厂滨江绿地平面图

保留厂房

保留船台

上海船厂历史面貌

上海船厂保留厂房改造前

船厂滨江空间意向

上海船厂滨江绿地效果图

通过坡地连接高处平台的景观设计，实现陆地与水体更为和谐的联系。运用几何线条勾勒整体路网系统，局部运用台阶平台实现水泥与植物的完美结合，大片绿地设计提供足够的休闲开敞空间，打开水域的开阔视野。露天广场的综合改造，将原有设计中的树阵广场改成拥有镜面水池和跌水台阶的主题广场，极富现代感。

通过各种演艺及休闲活动的引入，为场地注入源源不断的生机与活力，从而使船厂滨江绿地成为一个跃动海派生活、城市活力的新能量舞台；一个回应浦江呼吸、低影响环境设计的生态样板；一个独特有型、令人怦然心动的时尚地标。

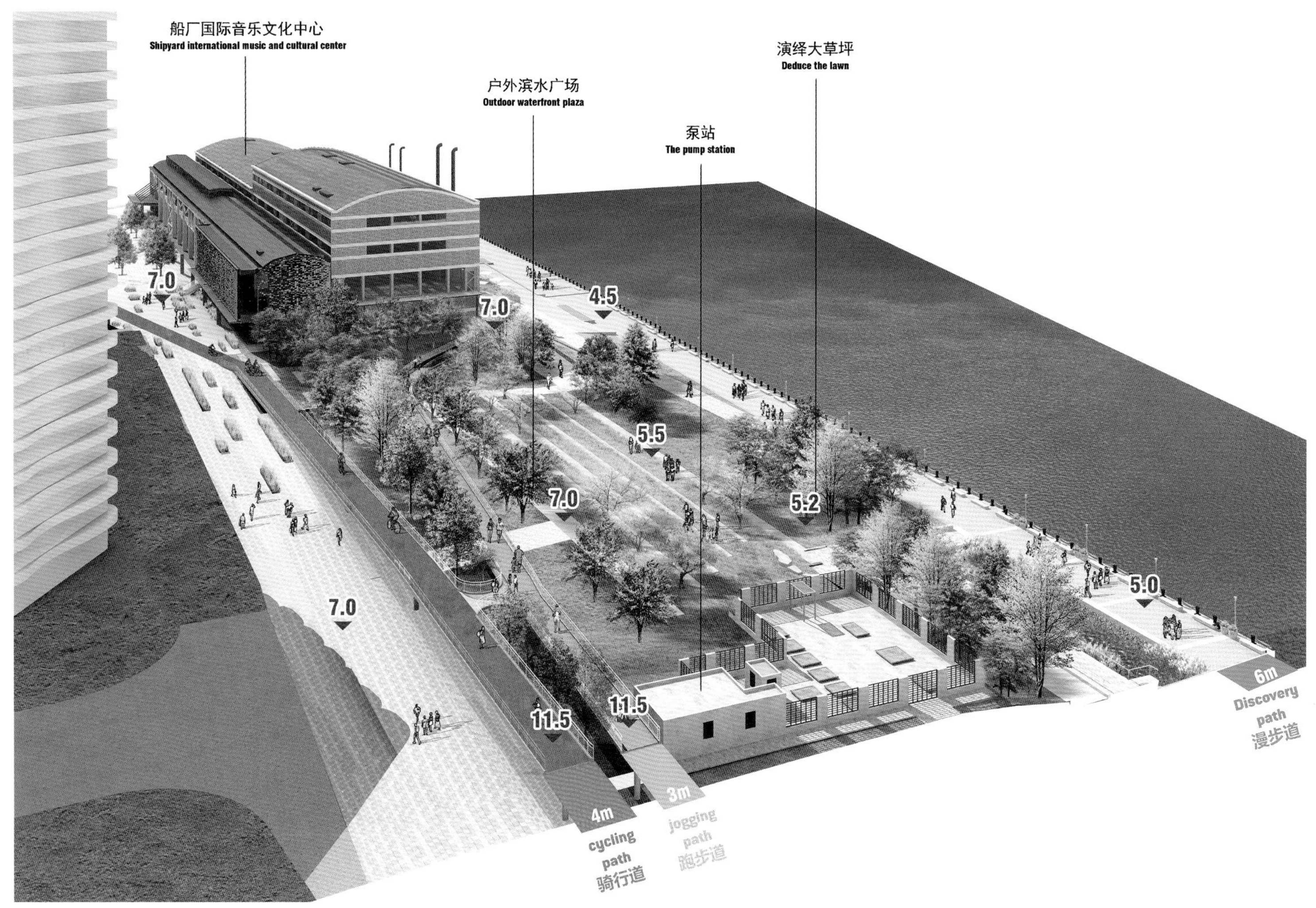

船厂滨江绿地设计空间鸟瞰

船厂滨江空间

船厂滨江绿地西侧（自然草甸花园、方所书局等）鸟瞰效果图

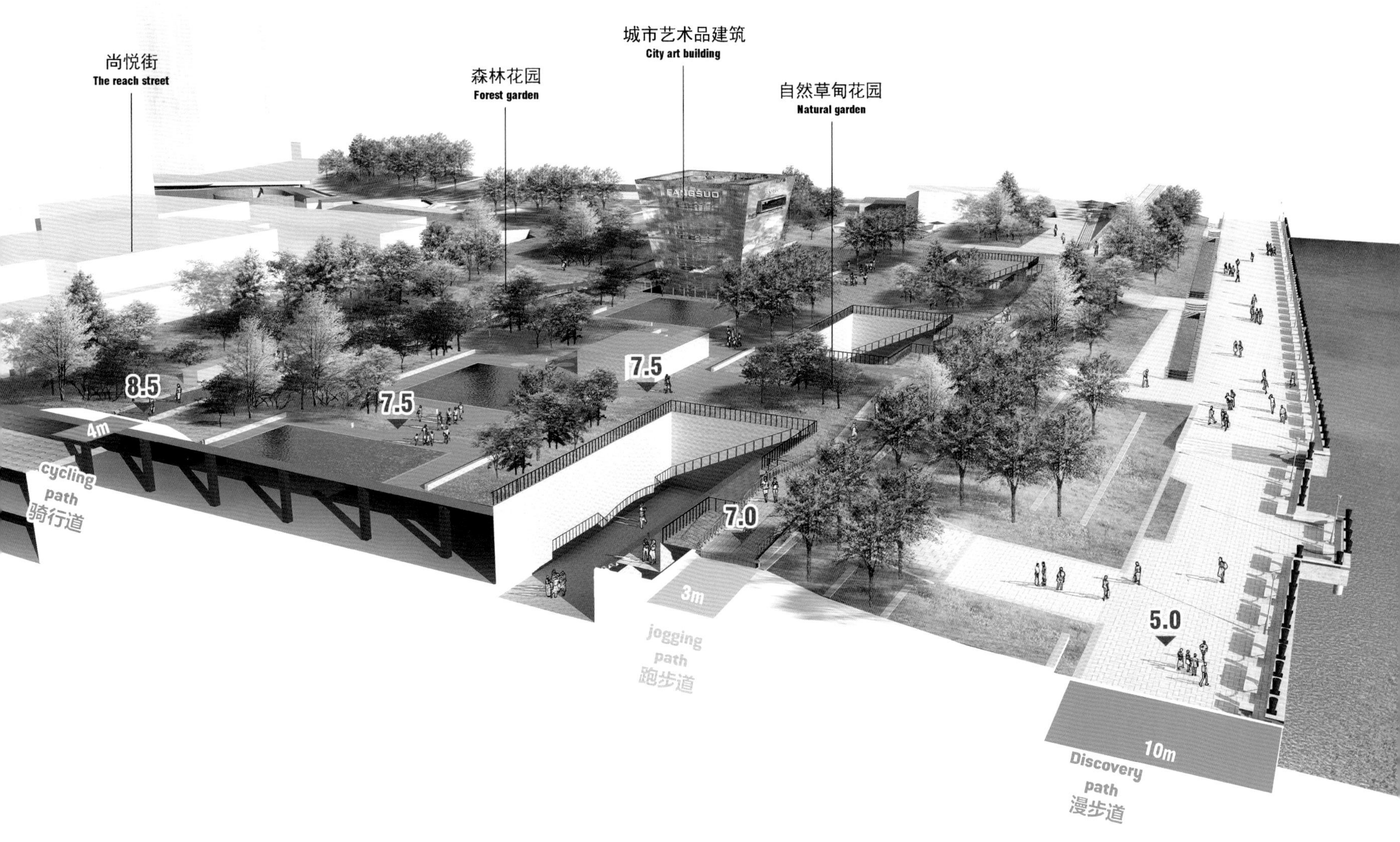

船厂滨江绿地西侧（自然草甸花园、方所书局等）鸟瞰效果图

船厂国际音乐中心与即墨路林荫道

船厂国际音乐文化中心与未来陆家嘴腹地设计意向

方所书局设计效果

大都会广场及陆家嘴展览中心

多彩画卷
Colorful Pictures

多样化的演艺展示活动是一个城市综合文化的体现，也是公共空间聚集人群激发活力的方式。一处城市秀场，需要有相应的商业服务资源带来的人流基础，多样化的空间环境可以为演艺活动增加更多趣味。

浦江东岸从浦东南路至东昌路段，包含小陆家嘴北滨江和南滨江段。如今的小陆家嘴地区，已是上海的城市名片之一。上海中心、环球金融中心、金茂大厦、东方明珠塔，地标性建筑林立，加上商业、金融产业集聚，这里既是世界级 CBD，也是旅游胜地。而在陆家嘴高楼大厦西面的滨江区域，是黄浦江的一处外凸江岸，拥有丰富的生态湿地资源和开阔的景观视野。

依据其现有商业地位与生态资源，这一区段被定位为“浦江秀场”，通过营造滨江浅滩湿地，梳理慢行步道和开放空间，依托多种多样的文化休闲设施，吸引来自世界各地的游客，将多元活动导向滨江，与陆家嘴建筑群交相呼应，打造上海最亮的浦江秀场。

区段索引图

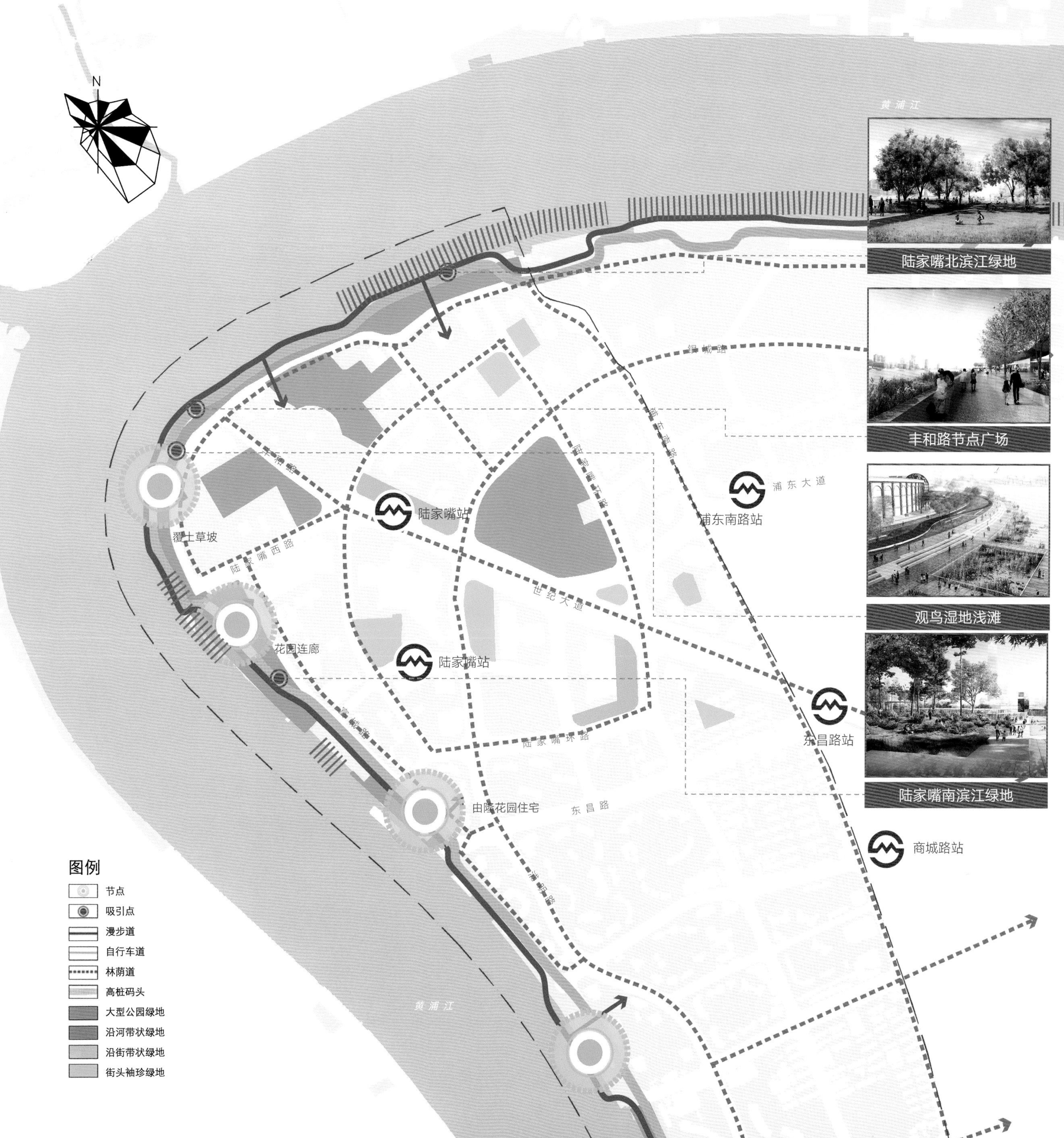

N
黄浦江
陆家嘴北滨江绿地
丰和路节点广场
观鸟湿地浅滩
陆家嘴南滨江绿地
陆家嘴站
陆家嘴站
浦东南路站
东昌路站
商城路站
浦东大道
世纪大道
陆家嘴西路
陆家嘴环路
东昌路
覆土草坡
花园连廊
由隆花园住宅
黄浦江
图例
节点
吸引点
漫步道
自行车道
林荫道
高桩码头
大型公园绿地
沿河带状绿地
沿街带状绿地
街头袖珍绿地

陆家嘴北滨江绿地

陆家嘴北滨江绿地是东岸滨江中最早建成的开放绿地之一，但由于绿地宽度较窄，且存在多处步道断点，如游船码头、地下变电站、服务建筑等，使得滨江慢行通道无法连通。针对这一问题，通过强有力的整治措施拆除多处影响滨江贯通的餐饮和服务建筑，为改造提升工程打下基础，体现还江于民的总体目标。改造提升方案通过统一的设计手法及连续的慢行道统领多样的景观元素，建立步行平台实现立体交通，创造一个具有强烈整体感的滨水空间。将滨江大道纳入提高公共空间品质的设计范畴，进而减弱滨江大道对公共空间的影响，增设一系列坡道、公共升降梯和新的慢行系统，创立滨水建筑与河岸公共空间的直接联系。根据功能差异和景观特色，由北到南可以将绿地分为繁华草坡、叠翠花园和金色舞台这三个景观节点。

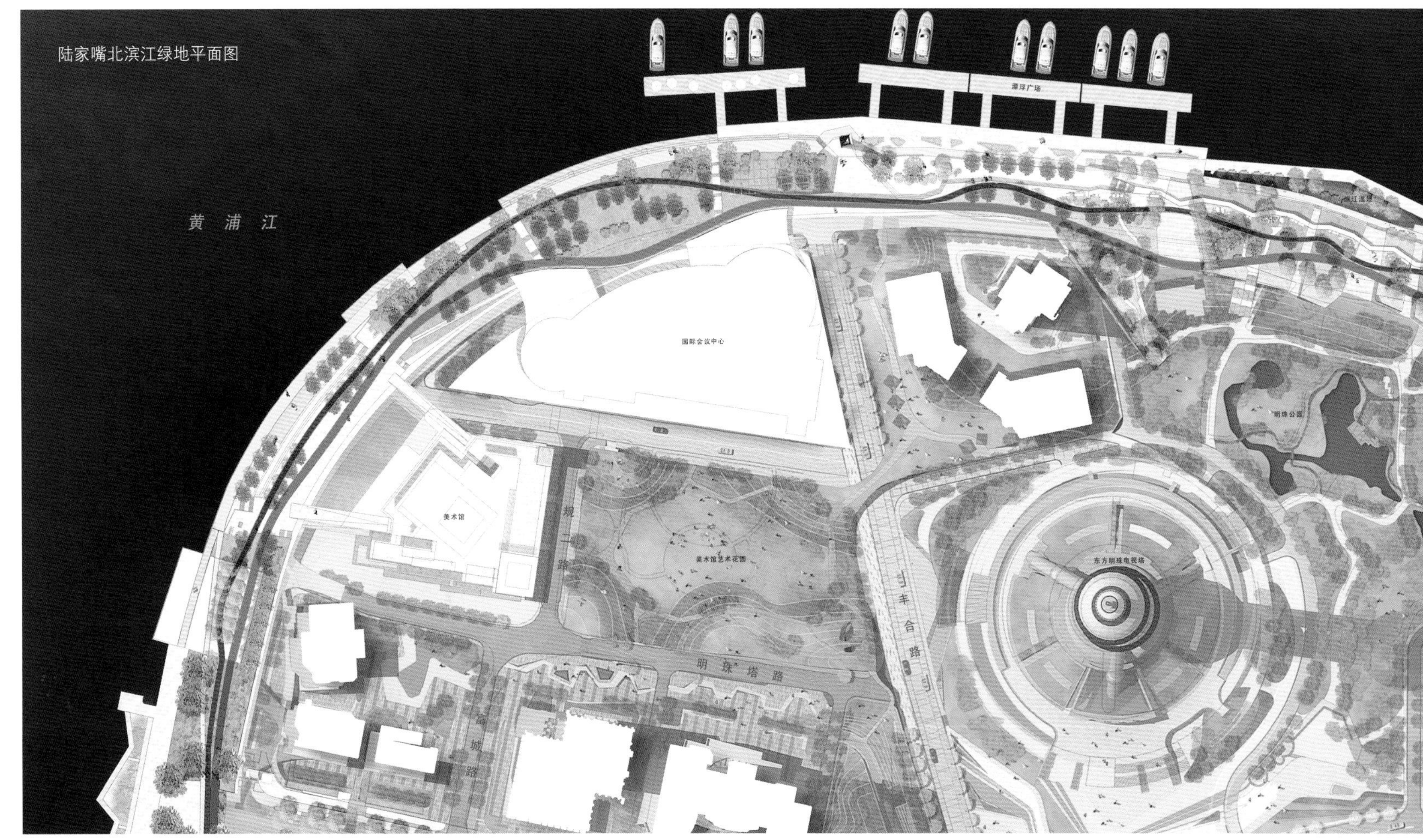

陆家嘴北滨江绿地平面图

繁华草坡是指在保留现状场地已有的观花树种的基础上，对景观环境进行改造和更新，实现繁花似锦、五彩纷呈的景观空间，作为商业商务和休闲娱乐空间的过渡。另外，宽敞开阔的高桩平台和节点广场为举办各类户外活动提供了充足的空间基础。

叠翠花园区段位于东园路和丰和路之间，自明珠公园内部逐步抬升的景观平台跨过滨江大道后直接连通滨江坡地，将腹地公园的自然能量与滨江绿地融为一体。同时，景观平台的下层空间结合相关的配套服务设施可以形成具有特色的双层水岸，实现叠翠垂虹的多彩景致。

金色舞台通过简洁的景观平台和草坡将腹地和滨江紧密连接，建立起内外一体的滨水公共空间。草坡面江而望，将江面开阔的气势导入绿地空间，人们在此凝视夕阳下的外滩，聆听奔腾不息的浦江浪涌。

陆家嘴北滨江鸟瞰效果图

浦东美术馆与陆家嘴滨江效果图

陆家嘴北滨江绿地观鸟湿地效果图

陆家嘴北滨江绿地滨江贯通道效果图

丰和路节点广场

世纪大道作为浦东地区的标志性轴线，其延长线与滨江大道的交叉点，便是丰和路节点广场。顺着丰和路的城市轴线，向西望去，正好面对苏州河口与外白渡桥，视线开阔辽远，浦西富有层次的城市天际线一览无余。地处陆家嘴最核心的“尖嘴”处，外围被湿地浅滩包围，远眺可观浦西滨江的都市长卷，近观可赏东方明珠的雄伟身形，都市风情和多元活动在此汇聚，该节点将成为人们争相拍照留念的“上海印象”。

陆家嘴北滨江丰和路节点广场效果图

观鸟湿地浅滩

陆家嘴的“嘴”是典型的凹冲凸淤，凸岸淤积的滩涂湿地。苏州河和黄浦江的交汇处，凸岸造就的浅滩湿地，是鱼虾和各类滩涂生物的最佳栖居之处，因而吸引了大量过冬鸟类来此觅食。平日里常见白鹭和夜鹭栖居于附近的东方明珠公园，时而盘旋空中，时而聚集欢跃；而到了冬季则有黄脚银鸥、蒙古银鸥、织女银鸥等候鸟远道而来觅食、停歇，最多时达到400余只，被誉为“上海地区鸥类最佳观赏地”。夕阳之下，各类水鸟围绕着东方明珠塔回旋翱翔，交织形成各种动态图案，令人浮想联翩。市民游客、观鸟爱好者纷纷举起手中相机记录下这美好的一瞬，仿佛也在告诉人们，陆家嘴不仅是在全上海经济最繁华、高楼最密集的区域，也是人与自然和谐相处、共生共融的典范。

陆家嘴北滨江观鸟湿地浅滩效果图

陆家嘴北滨江绿地跑步道建成实景

陆家嘴北滨江绿地公共空间建成实景

SIPG

陆家嘴南滨江鸟瞰效果图

陆家嘴南滨江绿地

陆家嘴南滨江绿地通过重新定义滨水河岸的序列，设置不同层次的又相互衔接的景观空间，创造出高差丰富、尺度变化的多样滨江空间，包括城市疏林、线性公园和水岸信步三个部分。架设景观高架桥，新建景观平台，连通现有堵点区域，形成立体式的景观亮点，丰富游客的游线选择和观江体验。同时，结合不同区域的特点，利用现状保留服务设施，在场地中植入丰富多样的户外活动，满足使用者的自然休闲、运动健身、文化娱乐等不同需求。

陆家嘴南滨江贯通平面图

陆家嘴南滨江绿地林荫跑步道效果图

陆家嘴南滨江绿地休闲漫步道与公共活动效果图

陆家嘴南滨江贯通道空间效果图

由隆花园住宅

由隆花园住宅始建于民国初年，为原英美烟草公司股东由隆先生建造，两层，青瓦四坡顶，墙面小开窗，砖砌拱券门。由隆花园紧邻黄浦江边，距离陆家嘴金融中心仅一步之遥，拥有得天独厚的地理优势，隔离了周遭喧扰的街道，优雅的花园和充满历史感的建筑营造了大隐于市的禅意氛围。坐于建筑大厅之中，透过大片落地窗，远眺浦江美景，掩映着外滩的万千灯火，江轮穿梭往来，美景恍然如梦。

浦东美术馆

浦东美术馆坐落于滨江一线，扁平延展的建筑造型，掩映于周边公园绿地之中，与滨江步道无缝衔接，完美地融入滨江自然开阔的环境。设计意向是希望美术馆和滨江岸线融为一体，通过两条高架连廊将滨江游客引入美术馆，并结合地形建造地景餐厅，嵌入滨江堤岸，从而将观江视野延伸至亲水第一线。人们徜徉于当代美术精品之中，忽而转头看向窗外，海鸥展翅，绿茵缤纷，浦江美景尽收眼底，诗情画意的自然环境与醇厚醉人的艺术氛围交相辉映。

东昌路轮渡云桥

现状陆家嘴南滨江区域因为东昌路轮渡及周边商业建筑形成断点，规划通过架设高架云桥缓解区域慢行交通压力，提高慢行活动体验。这一区域地下有隧道及源水管，因此云桥的桩位需要避开这些保护区域，这为设计增加了不少难度。高架的云桥距离地面 4~5 米，为运动者提供了良好的视野，并实现了漫步和跑步、骑行的速度分区，保证了运动者的安全。

东昌路轮渡现状断点

东昌路轮渡云桥慢行三道效果

艺术生活
Artistic Life

日常休闲，与市民的城市生活息息相关；文化艺术，更是市民生活中不可或缺的一部分。浦江东岸从东昌路至白莲泾段，紧邻滨江众多居住小区，有着安静的生活氛围，与周边居民的日常生活联系密切。北段区域保留着煤仓、廊架等工业遗存，这些工业建筑及构筑物潜藏着滨江的历史文化和时代记忆，成为艺术展示的潜力点。张家浜河以南的北栈、中栈、南栈、南码头几处绿地原本为工厂和堆栈，改造后将成为市民活动的公共绿地，呈现焕然一新的面貌。

依据其自然、历史资源，这一区段被定位为“艺术生活段”，依托腹地生活功能，在现状绿地基础上进行改造提升，重点打造煤仓艺术长廊和南码头广场区域，形成以工业记忆、创意艺术、休闲生活为特色的主题区段。

区段索引图

东昌路站
商城路站
黄浦江
东昌路
商城路
浦江一号
东昌绿地
老白渡绿地
北栈绿地
中栈绿地
浦电路
张家浜
船坞
船坞绿地
南栈绿地
南码头绿地
南码头草坡
内环高架路
浦东南路
N
图例
节点
吸引点
漫步道
自行车道
林荫道
高桩码头
大型公园绿地
沿河带状绿地
沿街带状绿地
街头袖珍绿地

东昌绿地

东昌绿地北起东昌路，南至张杨路，紧邻商务办公和居住区，始建于 2006 年。原东昌绿地顺应周边道路走向，设置了地形起伏的带状森林，并在滨江高桩码头上设置了多种多样的雕塑小品和特色座椅，渲染出轻松愉快的活力氛围。

规划以三道贯通、激发活力为原则，对东昌滨江绿地进行改造提升。通过在地形坡地中贯通跑步道和骑行道，串联其与周边绿地的慢行系统，营造林中运动的惬意感受，形成城市森林氧吧；在林中穿插植入运动健身模块，吸引人们参与其中，激发绿地活力；适当稀疏郁密的现状乔木，形成林下景观平台，打造“城市客厅”；打开现有建筑面向公共服务使用，满足周边游客的游憩休闲需求。夏日傍晚，高大乔木投下斑驳的树荫，约上三两好友在蜿蜒的跑步道上畅快奔跑，吹拂而过的微风带走繁重工作的倦意，转而看见运动场上的篮球小伙挥汗如雨，转而瞥见“林中客厅”里的太极拳长者精神矍铄，受到这生机勃勃的生活场景的鼓舞，奔跑的脚步也变得愈发轻快起来。

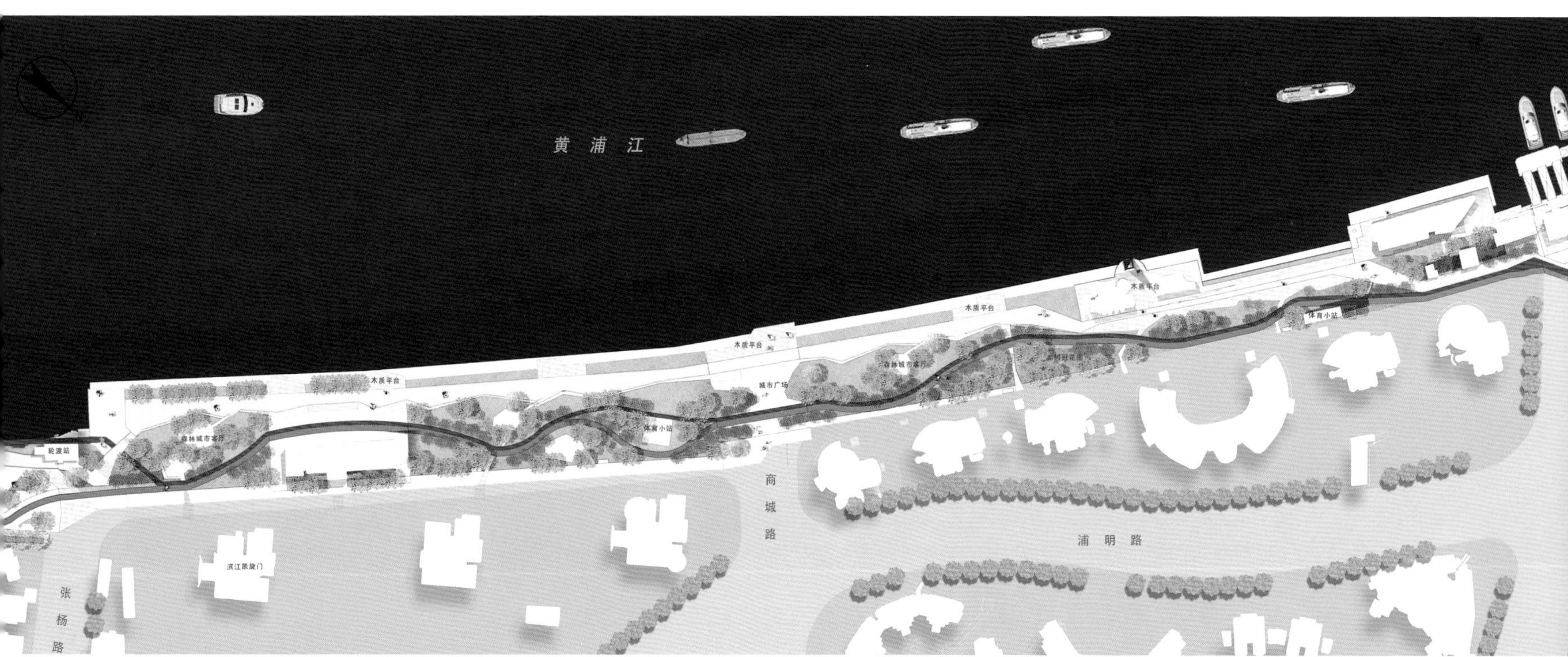

东昌绿地平面图

东昌林中城市客厅

东昌绿地滨水区域

东昌绿地鸟瞰效果图

东昌绿地林间活动意向图

东昌绿地林间活动意向图

东昌绿地林间步道建成实景

东昌绿地慢行三道建成实景

JOGGING
跑步道

老白渡绿地

老白渡绿地北临东昌绿地，南接张家浜，是一处建成的滨江绿地，绿地宽度较窄，现状大型乔木种植较密且长势良好，并保留有煤仓建筑和廊架构筑物。总体设计基于滨江绿地现有景观进行改造，大体保留原景观格局，改造提升重点部分，着重消除现状种植、地形等对视线的遮挡和活动空间布局不利的因素，包括对现状铺地破损进行修复等。该绿地由北至南分别为三大功能区域：庆典林地、艺术港湾和城市客厅，并结合主要出入口设置商城路城市广场、杨家渡轮渡广场及潍坊路灯塔广场。

在庆典林地中，不同速度的慢行通道交织穿行于郁郁葱葱的林间，为宁静的滨江绿地带来生机与活力；结合现状餐饮建筑及周边区域设置大面积的休息平台，起到城市阳台的景观效果；设置几处小面积的

老白渡绿地平面图

口袋花园、树冠花园，使人的活动深入到滨江绿地内部，创造富有趣味的体验空间，丰富滨江绿地的活动类型，激活整个绿地系统。

在艺术港湾中，结合现状保留的船厂码头和游船码头，对现状防汛墙进行艺术化处理，避免成为物理、视线上的阻碍。漫步道、跑步道、骑行道及慢行混合道沿线适当增加乔木种植，以提供阴凉与视觉吸引力，并设置小型展示空间、艺术广场以及休闲交流的场所。

在城市客厅中，依托已建成的煤仓艺术长廊和附属设施，服务居民、艺术爱好者、游客等群体，通过转瞬即逝的行为艺术与彰显个性的雕塑艺术，渲染互动多元的人文氛围，营造出具有特色的滨江艺术生活区段。城市客厅还是远眺陆家嘴建筑群的最佳观景点，近景可以看到老白渡绿地略有弧度的工业岸线景观，远景则是陆家嘴层次鲜明的现代高层建筑群，横向伸展的线条与竖向挺拔的线条形成构图上的鲜明对比，而工业历史的点滴记忆与现代都市的摩天森林则在意境上形成古今的呼应。

老白渡绿地空间意向图

老白渡绿地城市客厅建成实景

老白渡绿地慢行三道建成实景

艺仓美术馆

艺仓美术馆原为上海煤运码头旧址处的煤仓，位于张家浜河口位置，以其内部八大煤斗为核心结构再建而成，在原有的建筑框架体系上重新构筑，华丽转身为一座造型简洁的当代美术馆。在上海艺文生活普及发展的背景下，艺仓美术馆秉承“艺术在生活”的理念，以开放的视野引介东西方的经典艺术与各个创意领域的创作成果，让文化艺术、时尚设计及休闲生活彼此渗透，为大众的艺文生活提供坚实的产业支撑，构建成为浦东滨江的艺术地标。

美术馆建筑整体风格以横向线条呼应滨江岸线延展平坦的特点，块面感的构图呼应现代艺术简明抽象的神韵。建筑周围设置户外咖啡休憩空间，将室内艺术欣赏和户外休闲观景有机结合，打破建筑内外的隔阂，与周围景观环境融为一体。

艺仓美术馆鸟瞰效果图

艺仓美术馆廊架改造效果图

北栈绿地

北栈绿地北邻张家浜，南接塘桥雨水泵站，方案设计充分结合建筑、防汛墙改造、泵站改造扩建进行综合设计考虑，形成特色鲜明、功能丰富、简洁精致、连续贯通的滨水景观带。绿地中布置银杏骑行道、观景台阶、高架步道、樱花步道、草坡等精致空间，结合场地不同标高形成公共活动区域。主入口设置于基地南北两侧，以硬质铺装与绿化点缀为主，结合景观小品、休憩坐凳等设施，创造绿化休闲氛围，吸引游客停留休憩，成为外围道路进入绿地的过渡区域。步行路径采用直线形的园路形式，可增加动线和视线的趣味性，保持滨水空间的开阔感。外侧滨水岸线利用现状码头，设置亲水平台，保持滨水空间的开阔感，强调基地的滨水特质。漫步于北栈绿地张家浜河畔，凭栏望江，伫立的海事塔记录着黄浦江的岁月变迁，改造后焕然一新的张家浜桥联系着南北两侧，迎接着往来不绝的运动者。

北栈绿地活动草坪

北栈绿地平面图

北栈绿地春景效果

北栈绿地秋景效果

中栈绿地

中栈绿地基于现状工业用地改造，以"蔷薇蔓花园，绿色慢生活，港湾漫情调"为主要概念，打造以蔷薇科特色植物展示为主，兼具滨江观光游憩、创意生活体验等功能，与北栈、南栈绿地互融共生的植物专类体验绿地，可以满足滨江游客、附近居民和周边上班族的多样需求。方案设计中充分考虑"看"与"被看"的景观视线效果，利用黄浦江转弯处的优势，将一线江景尽收眼底，利用绿色缓坡改造防汛墙，使之形成连续整体的亲水岸线，避免观江视线被防汛墙阻挡。

以蔷薇植物为特色主题的中栈绿地，特别关注种植设计的整体性和特色性。从整体滨江风貌出发考虑，保持与周边其他绿地的整体风格协调，形成连绵起伏的林缘线，在保证高林荫率的同时注重林下空间的简洁通透。同时，采用多种形式的种植方式，以突出植物空间多样性和品种丰富性。从生态学的角度营造滨水植物环境，结合各类解说系统，展示植物的净水过程，宣传有关水污染方面的科普知识，普及环保可持续的发展理念，打造生态教育、赏花休闲、亲子娱乐的多彩花园。夏花缤纷，微风携着月季的阵阵清香，沁人心脾，顺着草坡登上防汛墙顶，悠闲漫步江畔，足以游目骋怀，享受超广角的浦江视野带来的舒畅心情。

中栈绿地高桩码头漫步道效果图

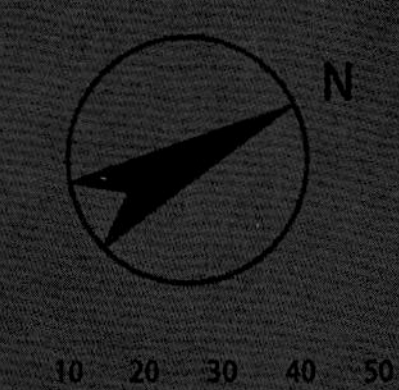
N
0 10 20 30 40 50

黄 浦 江

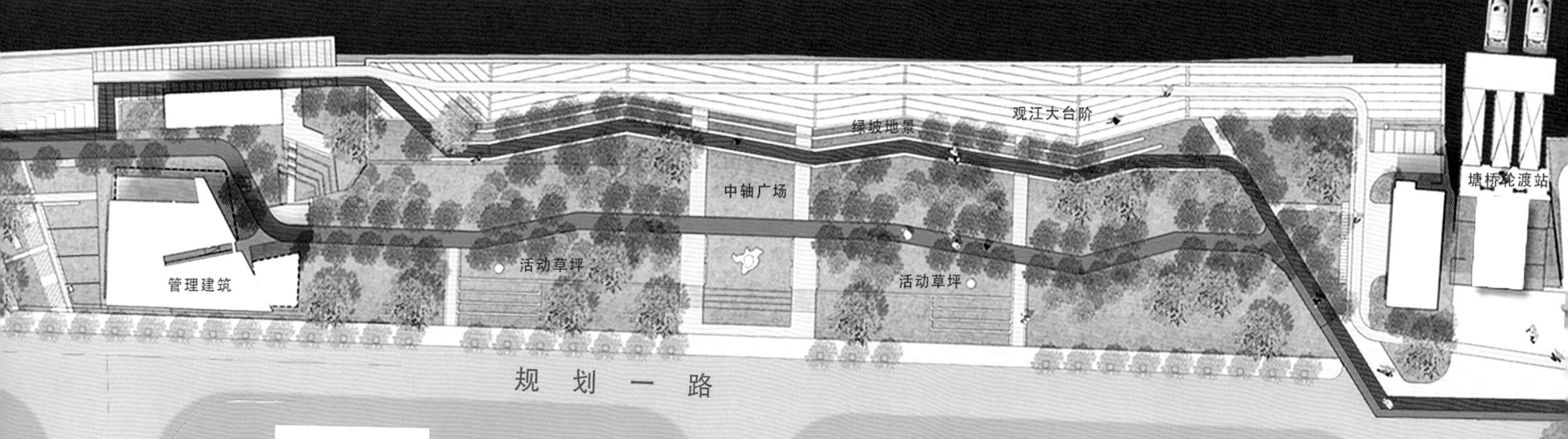
观江大台阶
绿坡地景
中轴广场
活动草坪
管理建筑
活动草坪
塘桥轮渡站
规 划 一 路

微山路
塘桥新路

中栈绿地平面图

中栈绿地效果图

张家浜云桥

设计理念上以“四季桥”为名，希望云桥在不同季节能呈现出不同的状态，其最基本的状态像一只明眸大眼，深情地凝视着百年外滩；又如一弯明月，安详倒映在水中。

结构设计在现有桥体基础上进行改造。将现状老旧的水泥桥面拆除，保留现状桥梁墩，通过加固原有桥梁墩及梁、新加钢架铺设压型钢板桥面的方式进行改造。

桥面设计上通过绿化将集漫步道、跑步道、骑行道于一体的桥面进行空间划分。桥身侧面通过绿化和灯光设计进一步加强景观效果。

张家浜云桥鸟瞰效果图

张家浜云桥日景和夜景效果图

船坞绿地

船坞绿地的景观设计充分考虑建筑、防汛墙改造和船坞地形利用，形成特色鲜明、活动多元、空间趣味的滨水景观带，保持滨水空间的开阔感。基地中间被完整保留的船坞是整个景观的最大特色。船坞更新再利用，最大保留，轻微干预，景观设计结合主要的展览和配套功能，布置下沉广场、树林展场、观景台阶、景观廊架、草坡等精致空间，结合场地不同标高形成公共活动区域。通过地形处理消除防汛墙对景观视线的阻挡，弥合原有遗址对场地一定程度的割裂，使船坞成为连接城市空间的有机组成部分。步行路径沟通南北地块，利用沿途景观增加动线和视线的趣味性。外侧滨水岸线拆除部分现状码头，设置亲水平台作为活动空间，并为船舶博物馆主题配套的临时性艺术文化活动设置一部分游艇码头。在高架步道上静观穿梭往复的江船，在船坞平台上聆听低沉浑厚的涛声，透过那些泛黄的照片和静立的船锚雕塑，依稀可以领略浦东当年辉煌的航运历史，一览工业岸线向生态生活岸线转变的发展脉络。

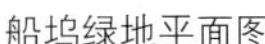
船坞绿地平面图

船坞绿地平跑步道效果

船坞绿地鸟瞰效果图

船坞绿地建筑室内效果图

船坞绿地建筑效果图

南栈绿地

南栈绿地中现状保留了较多的工业建筑，场地条件错综复杂。通过对于场地现状建筑的整治，梳理出滨江一线的开放空间，打通贯通堵点，并结合地形设计，形成草坡台地和覆土服务设施。从空中俯瞰南栈绿地，其形态犹如几只绿色的大眼睛，游客可以悠闲地躺在草坪上享受滨江美景，感受南浦大桥壮丽挺拔的姿态。

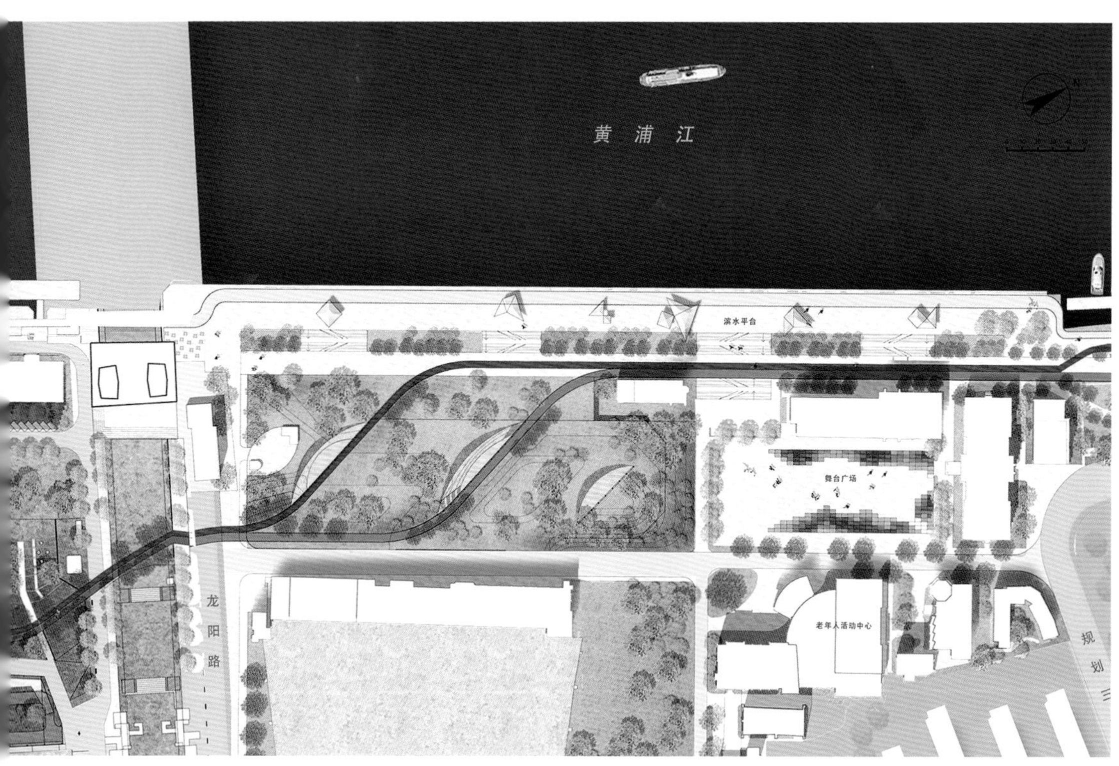

南栈绿地平面图

南栈绿地效果图

南栈绿地鸟瞰效果图

从浦西看南栈绿地

南码头绿地

南码头绿地位于南浦大桥以南区域，现状区域内用地性质复杂，包含消防、海事、武警、轮渡、雨水泵站等多种功能，空间破碎，岸线割裂，以至游客无法达到滨江区域。因此，该节点被视作本轮东岸贯通中最紧迫的堵点。通过控规调整，重新梳理该区域的用地性质，合理整合调整各地块的位置，将滨江一线留给公共绿地，并保证整体绿地完整连续。在景观设计中本着公共性、共享性和安全性的设计原则，打通南浦大桥南北两侧断点，使南码头与南浦大桥北侧南栈区域顺接，全面开放轮渡站周边的城市公共空间，激发区域活力。

为了激活水岸景观空间活力，同时避免直立式防汛墙阻挡观江视线，设计一条长约 450 米的高线全景漫步道，供游客驻足观景、漫步江岸。而该区域的跑步道和骑行道由于条件限制，合并为 5 米宽的运动道，以高架天桥的形式跨过南码头区域，并与覆土绿坡屋顶和新建海事办公楼的二层平台相连接，形成系统性的空中连廊花园，桥下有序设置相关的公共服务配套设施。在保证南码头轮渡站安全无障碍使用的同时，既完善滨江绿地服务设施，漂浮的高架运动道也将获得良好的观景视野，形成有特色、有变化的南码头特有的开放滨江、开放景观。骑行穿过南浦大桥下的运动公园，沿着运动道爬坡而上，登临覆土绿坡，视线顿时开阔，一片鸟语花香。一路骑行南下，穿过南码头轮渡广场上方，看着广场中往来人群络绎不绝，好一番热闹非凡的景象。

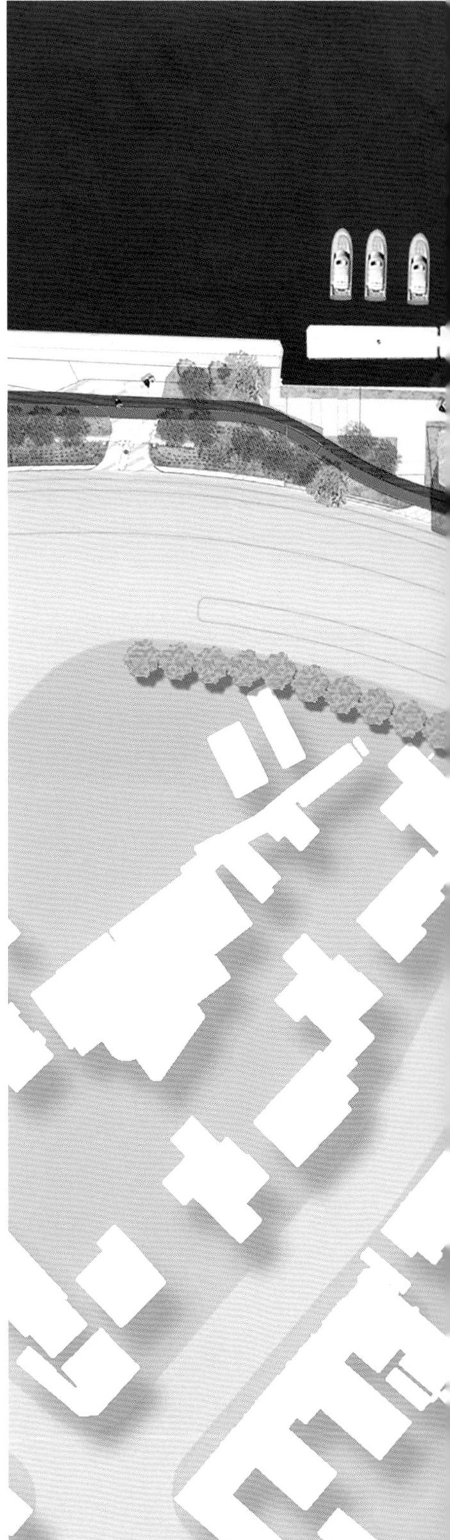

南码头绿地平面图

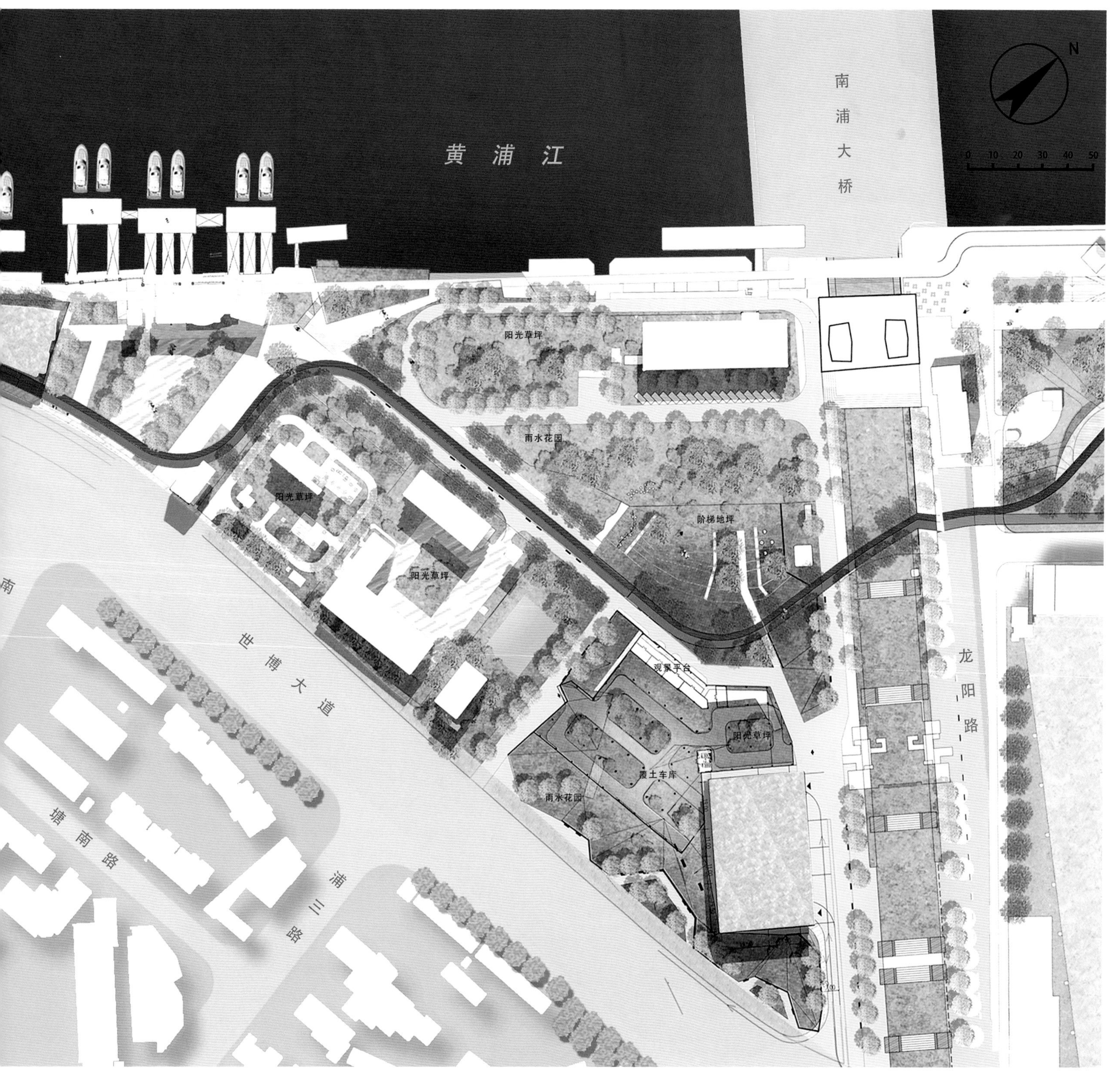
黄浦江
南浦大桥
N
0 10 20 30 40 50
阳光草坪
雨水花园
阳光草坪
阶梯地坪
阳光草坪
观景平台
阳光草坪
覆土车库
雨水花园
世博大道
龙阳路
塘南路
浦三路
南

南码头绿地高架步道效果图

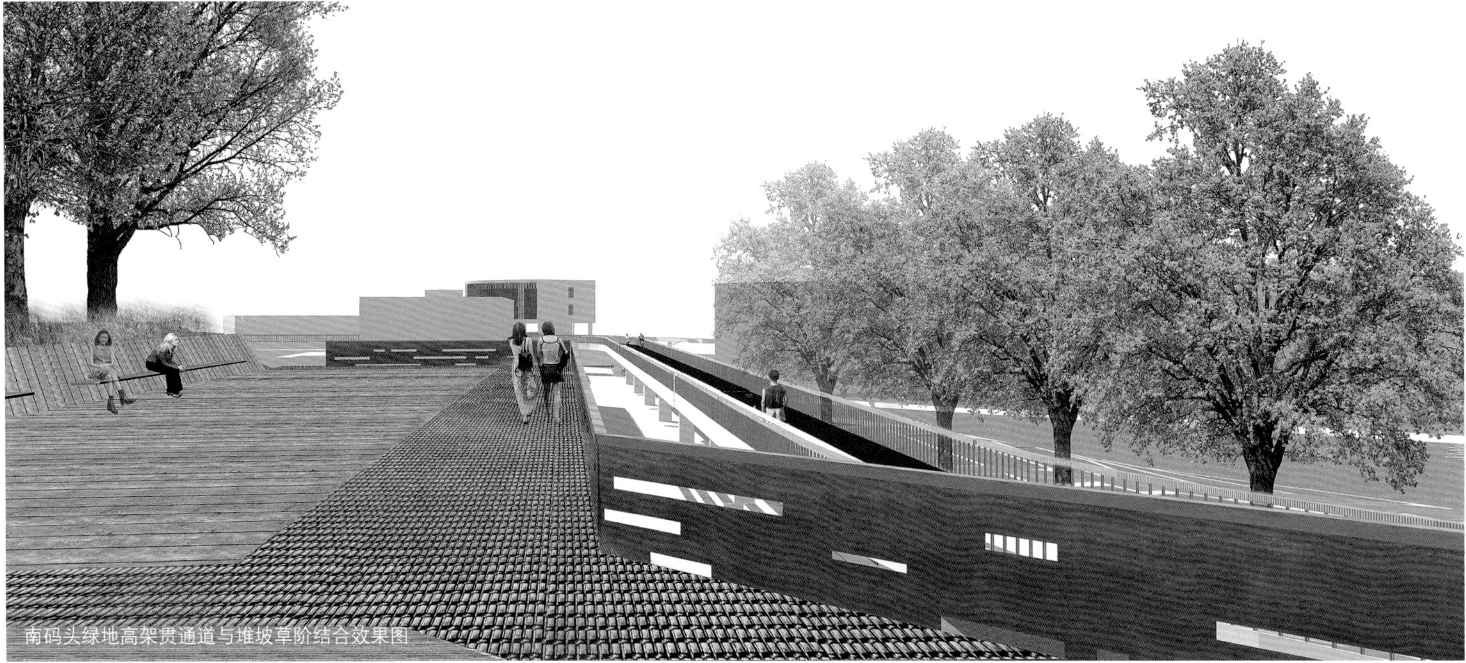

南码头绿地高架贯通道与堆坡草阶结合效果图

南码头绿地高架贯通道休闲空间效果图

南码头绿地高架贯通道与滨江入口广场空间关系效果图

南码头绿地空间关系效果图

30

南码头滨江高架漫步道效果图

南码头滨江高架运动道嘴效果图

创意博览
Creative Highlights

作为新兴的现代服务型产业，会展博览行业已成为衡量一个城市国际化程度和经济发展水平的重要标准之一。展会为商家提供交流贸易、整合营销、技术扩散、产业联动等活动的重要平台。同时，大规模的节事活动和文化庆典，有助于提升城市软实力，成为区域宣传的新名片。

浦江东岸从白莲泾至川杨河区段，包括世博段和后滩段。2010 年第 41 届世界博览会曾在这里举办，当时建造的功能多样、样式丰富的场所，大多已以新的功能形式，进入市民的城市生活之中。滨江的后滩区域，有着多样化的绿地与多元的动植物生态，自然资源丰富。广大的绿地空间，连接城市的商业服务业区域与近郊的自然生态区域。

这一区段被定位为“创意博览段”，依托世博会期间建设的场馆建筑和公园绿地，在现状较为良好的生态基底上进行文化提升，结合主题多样的节事活动和文艺演出，吸引来自全市及全球各地的游客关注，成为市民欢庆、文化博览的滨江舞台。

区段索引图

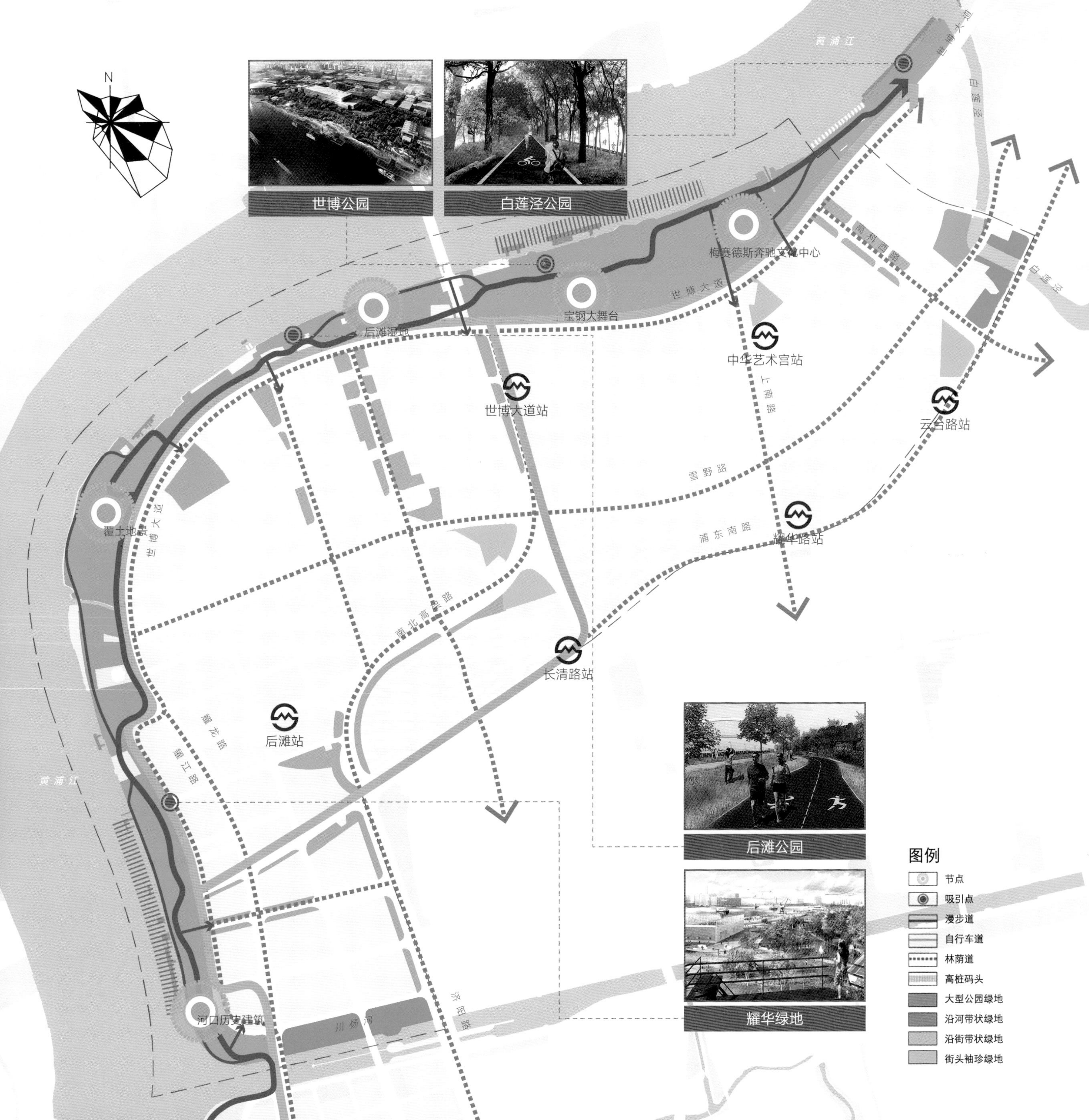

黄浦江
世博公园
白莲泾公园
梅赛德斯奔驰文化中心
宝钢大舞台
后滩湿地
世博大道
中华艺术宫站
世博大道站
云台路站
雪野路
浦东南路
耀华路站
上南路
南北高架路
长清路站
覆土地景
后滩站
耀龙路
耀江路
河口历史建筑
川杨河
济阳路
后滩公园
耀华绿地
白莲泾
图例
节点
吸引点
漫步道
自行车道
林荫道
高桩码头
大型公园绿地
沿河带状绿地
沿街带状绿地
街头袖珍绿地

白莲泾公园

白莲泾公园位于白莲泾入黄浦江口处，北接黄浦江，南至雪野路，西起世博园区浦东中心绿地“世博公园•亩中山水”，东接南码头绿地，占地约14万公顷。公园由白莲泾滨江绿地、世博村滨江绿地、白莲泾河道两侧绿地及沿江码头四部分组成，于2010年建成开放。

2017年白莲泾公园滨江绿地进行景观整体提升：利用现有码头，营造亲水休闲的低线滨水漫步空间；梳理林下空间，打通观江视线，营造林中穿行的中线慢跑道；利用现有地形，架设高架桥梁，营造视野开阔的高线骑行道。利用原有码头打造全新滨江绿地风貌，新建M2码头立体交通模式，解决游船和滨江休闲人流的不同交通需求；新建世博云桥连接“亩中山水园”和梅赛德斯-奔驰文化中心北侧滨江空间，打通了滨江步道在此区域的断点，使白莲泾滨江绿地成为更具活力的市民休闲娱乐新空间。

白莲泾公园平面图

黄浦江
白莲泾
世博大道
世博村路
雪野路

白莲泾云桥效果图

世博园桥

世博栈桥效果图

白莲泾公园林间骑行道效果图

白莲泾公园高架步道鸟瞰效果图

M2 码头改造效果图

M2 覆土草坡效果图

M2 码头慢行道效果图

世博公园高桩平台漫步道

庆典广场

上海世博庆典广场位于浦江之畔，其西侧为世博公园，紧邻合兴仓库和世博中心，其东侧为梅赛德斯奔驰文化中心，同时它又是浦东世博轴的尽端。庆典广场是 2010 年世博会期间乃至今日承载重大节庆活动的大型公共开放空间。设计采用人性化理念，以“水镜”为主要构思，在成为举办大型活动场地的同时，也成为能为游人提供纳凉休憩空间的理想场所。广场两侧的树阵在为游人提供遮阴小憩的空间的同时也界定了广场空间。水镜呈长方形，镜面倒映着变化的天气，还可以定时喷出水雾，允许游人嬉戏其间，极富诗意。平日里，广场对公众开放，是市民开展滨江休闲、观光活动的绝佳场所，亦是开阔的观演场所。广场的存在使该区域成为一个具有生命力的活力空间。

世博公园林间贯通道效果图

世博公园

世博公园北临黄浦江，南至世博大道，西起后滩公园，东至世博园区庆典广场，占地约 23 万公顷。原址是上钢三厂和江南造船厂，原有的两座塔吊被保存下来，公园于 2010 年建成开放。

世博公园运用“滩”“扇”两大独特的设计构思。“滩”的形式回归上海冲击平原的地貌特征，抬升的扇形基地犹如扇面，60 多个品种 4 000 多棵大型乔木组成的引风林好似扇骨。整个公园沿黄浦江缓缓升起并展开，扇骨、扇面交织成一幅雅致的立体山水画。滨水码头与塔吊的保留更新，回归了上海近现代工业特征，延续了场地的记忆。公园特选上海唯一“独立知识产权”的树种——东方杉，回归上海的本土文化。

2017 年世博公园滨江绿地进行景观整体提升：在不改变原先公园格局的前提下，规划三条贯通的慢行路线：欣赏江景的漫步道、在林地中穿行的跑步道和畅通无阻可观全景的骑行道。通过此次景观提升，梳理公园原有道路系统，提升绿化空间品质，打造集城市绿肺、科教文化、户外观演和庆典演艺等功能于一体的都市森林。

世博公园鸟瞰效果图

世博公园建成实景

世博公园漫步道建成实景

世博公园改造后实景

世博公园改造后实景

后滩公园

后滩公园北临黄浦江，南至世博大道，东接世博公园，西至倪家浜，占地约 14 万公顷，原为钢铁厂（浦东钢铁集团）和后滩船舶修理厂。公园于 2010 年建成开放，是一个具有湿地保护、科普教育等功能的城市公园。公园以保护、恢复、健康、重建湿地生态环境为目的，充分发挥湿地的自净能力，实现净化、调节水体、提供氧吧等生态功能，提高生物多样性水平，再现自然状态下的湿地景观。

后滩公园共设置 3 个主出入口，沿水系可依次欣赏到：梯地禾田带—老厂房改造而成的“空中花园”—眺望黄浦江两岸的“芦荻台”—水上入口“水门码头”—水系净化观赏区“亲水平台”，一路下来水陆景色纷至沓来、相得益彰。

2017 年后滩公园进行景观整体提升：营造亲水休闲欣赏江景的滨水漫步空间；提升改造原有景观空间，打造在湿地中穿行的跑步道；精心选择线路，打造一条畅通无阻可观全景的骑行道，并将沿线各景观节点串联。通过此次景观提升，在满足贯通的前提下，不改变后滩公园的湿地生态、鸟类科普教育和承载城市活动的功能定位，并在局部节点改造中强化最绿岸线的公共空间定位。

后滩公园漫步道建成实景

后滩公园平面图

后滩公园跑步道建成实景

后滩公园骑行道建成实景

后滩公园建成航拍实景

后滩公园航拍实景

倪家浜云桥

倪家浜宽 15 米，位于后滩公园与耀华绿地之间，是现状浦江东岸的一处断点。贯通设计提出“双桥”的概念，分别模仿传统拱桥和吊桥的形态，运用现代技术手段将二者结合。吊桥的功能是将跑步及骑行速度较快的通行路线并为运动道，拱桥的功能则是为漫步和探索者提供的慢速道路，较高的坡度适合驻足观赏江景。

倪家浜云桥效果图

耀华绿地

耀华滨江绿地位于世博后滩公园和前滩友城公园之间，绿地设计将运河视作河岸向内城延伸的纵向联系轴线，将社区生活延伸至江畔，更好地与江畔空间相呼应，建立便捷安全的水陆公共交通，将居住在腹地的居民引入滨江绿地，创造维系居民关系的生活交往空间。结合体育运动的主题，耀华绿地在景观绿化方面的微地形处理和小型活动场地设计为这片区域注入生动活泼的户外体验。直升机主题公园、文体中心、露天剧场、码头广场、观景塔等景点的设置，提供了丰富多样的户外活动空间。

耀华绿地鸟瞰效果图

黄 浦 江
游艇中心
观景平台
川 杨 河
观景塔
耀 江 路
耀 川 路
德 州

耀华绿地夜景效果

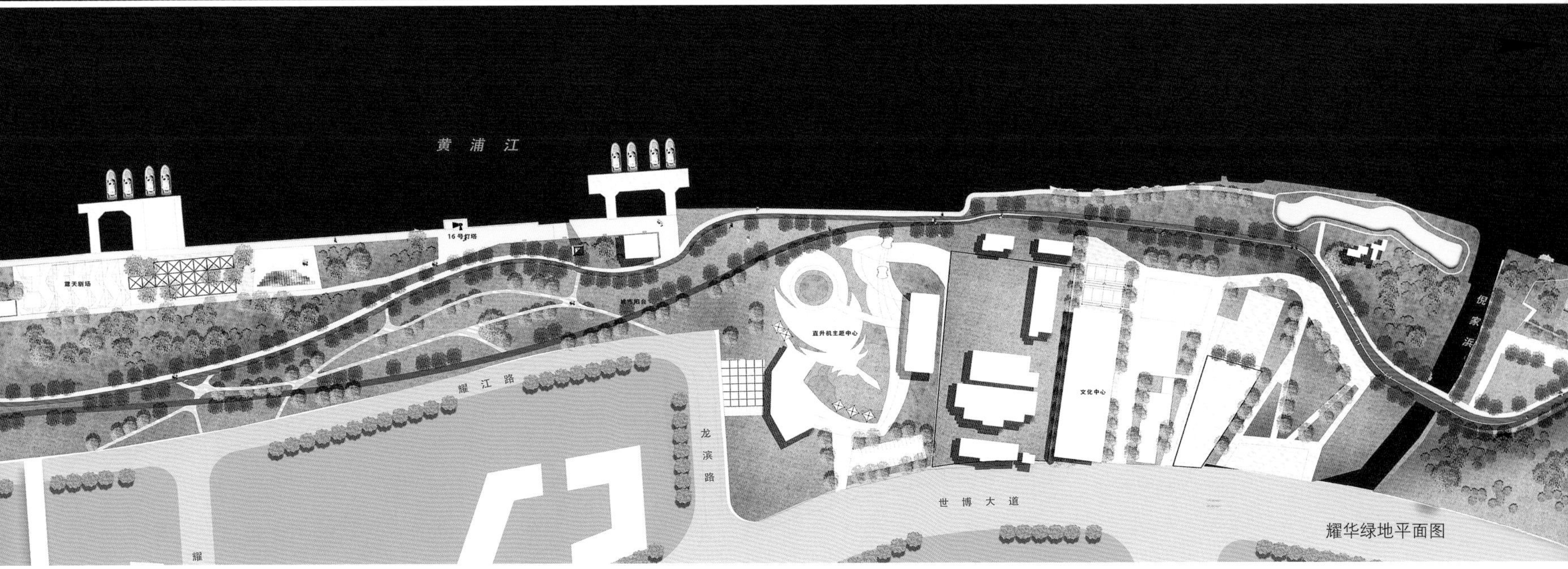

耀华绿地平面图

耀华绿地效果图

生态休闲
Ecological and Leisure Space

自然生态，是衡量城市宜居程度的重要指标，也是提升城市活力的关键因素。利用滨江区域，营造人与自然和谐相处的氛围，有利于上海将自身建设成为一个充满绿色空间、生机勃勃的开放城市；一个以人为本、舒适恬静、适宜居住和生活的家园城市；一个环境、经济和社会可持续发展的动态城市。

浦江东岸从川杨河至徐浦大桥段，包括前滩国际友城公园、休闲公园、上中路绿地和三林滨江绿地。自然生态基础条件优越，前滩沿江的多个公园有着开敞的绿地和公共广场，为人们提供户外活动的长做。邻近的东方体育中心也是人们休闲活动的好去处；前滩国际商务区正在建设当中，未来将成为上海又一商务聚集区；三林沿江空间开阔的工业厂房，亟待更新的城中村，为区段的改造提升提供了空间。

这一区段被定位为“生态休闲段”，融合良好的自然生态基础和腹地日益发展的生活片区，引入科普教育、运动健身、音乐艺术、亲子娱乐等不同的主题元素，形成面向家庭和市民的生态休闲开敞地带。

区段索引图

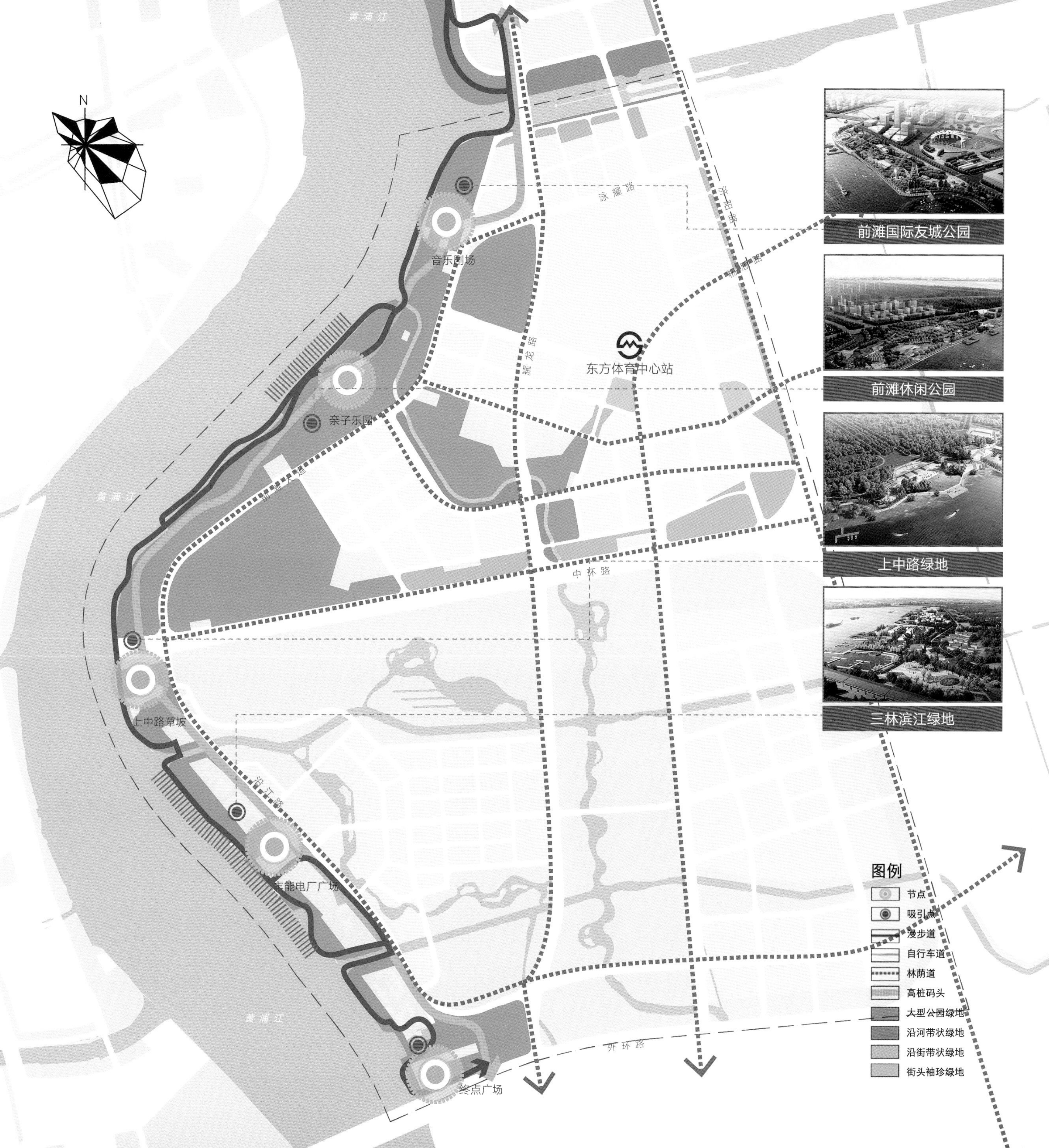

黄浦江
N
泳耀路
济阳路
音乐剧场
东方体育中心站
耀龙路
亲子乐园
前滩国际友城公园
前滩休闲公园
上中路绿地
三林滨江绿地
黄浦江
中环路
上中路草坡
沿江路
能电厂广场
黄浦江
外环路
终点广场
图例
节点
吸引点
漫步道
自行车道
林荫道
高桩码头
大型公园绿地
沿河带状绿地
沿街带状绿地
街头袖珍绿地

前滩国际友城公园、休闲公园

国际友城公园和休闲公园承载了前滩地区的运动休闲功能，体现了未来都市人居环境的发展方向，分别定位为“艺术前沿”和“生态前沿”。其中艺术前沿依托雕塑、音乐等艺术门类在公园中的展示，让艺术渗透到整个城市中，并通过灯光元素、街头艺术和公共艺术展演表达。生态前沿则通过公园以及街旁绿地、林荫道、河道等形成系统性的自然生态系统。在这套系统中，街道生态联系着公园步道、绿带以及前滩的各个口袋公园。

针对目前公园中存在的绿化种植过疏、配套设施不足、人气活动不旺等问题，规划通过新建联系川杨河南北的人行桥梁，完善公园运动慢行系统，补充增加便民服务设施点，重新设计公园主要出入口广场，加强公园与周边区域的联系，提升公园整体活力。经过改造提升后的前滩公园，将成为周末家庭休闲娱乐的目的地，孩童可以无忧无虑地在缓坡草坪上奔跑、游戏；将成为音乐艺术传播的公众课堂，将高雅艺术融入市民的日常生活中；将成为生态体验教育的前沿阵地，吸引人们在优美的自然环境中感悟生态价值，提升环保意识。

前滩国际友城公园与休闲公园平面图

前滩国际友城公园入口广场

黄浦江

小黄浦

前滩国际友城公园效果图

前滩休闲公园效果图

前滩国际友城公园抛石滩效果图

前滩国际友城公园入口广场效果图

前滩休闲公园可持续花园效果图

前滩休闲公园儿童游乐区效果图

上中路绿地

上中路绿地位于上中路隧道上方，这里曾经是捷东水泥厂。规划将现有工业厂房拆除，打造具有独特地形特征的凸岸公共绿地。公园设计结合地形设计，在上中路两侧塑造两座地形起伏的人工山地，跑步道和骑行道穿梭其中，并在上中路广场上方形成弧线形的高架彩虹桥。上中路广场顺应中环路轴线，正对浦西春申港，形成临江的视线通廊，将市民游客由腹地导向滨江。凸岸周围水流较缓，适宜形成湿地前滩，结合滨江的漫步道，打造探索体验和生态教育为特色的滨水区域。

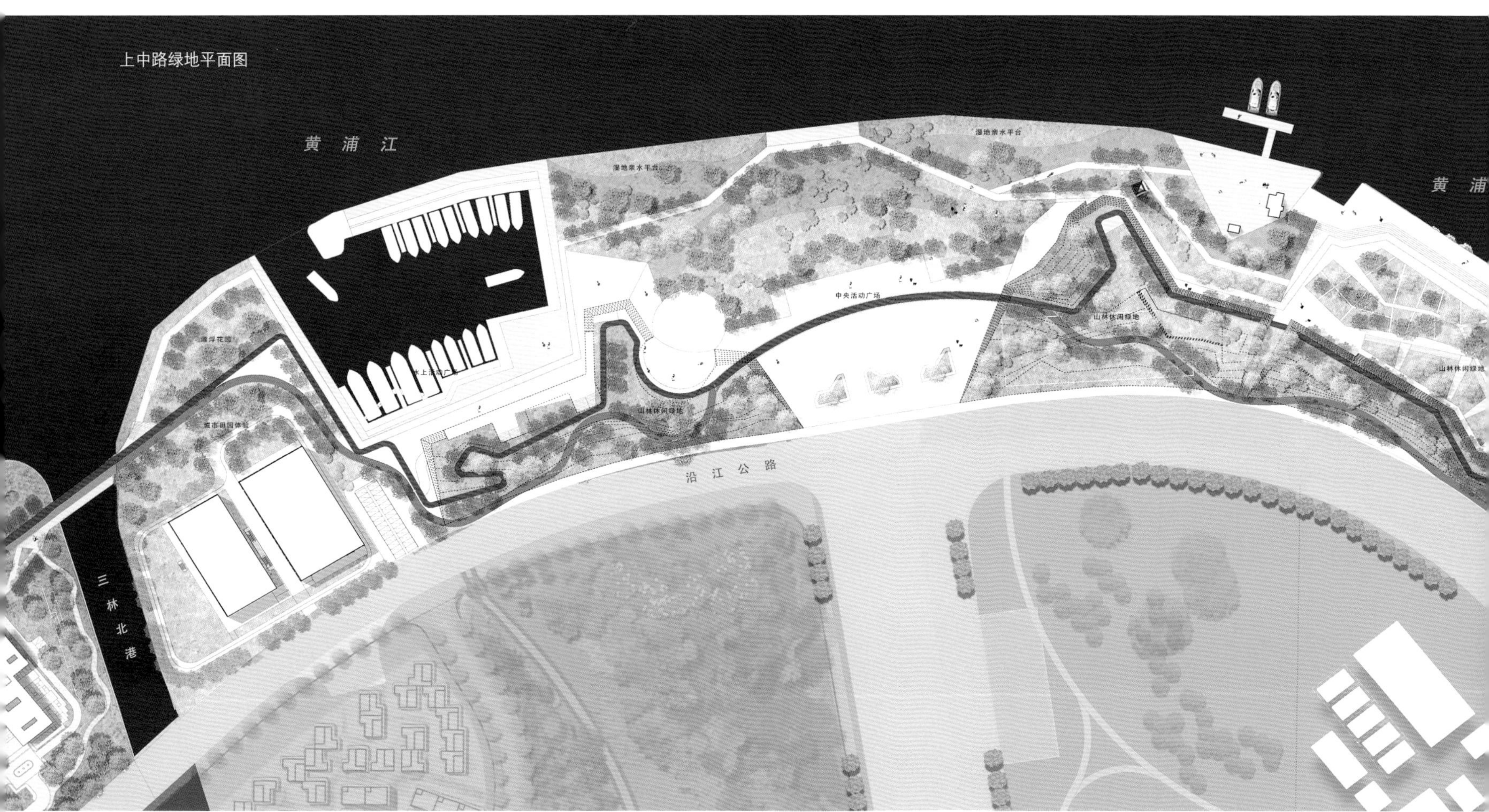

上中路绿地平面图

上中路绿地鸟瞰效果图

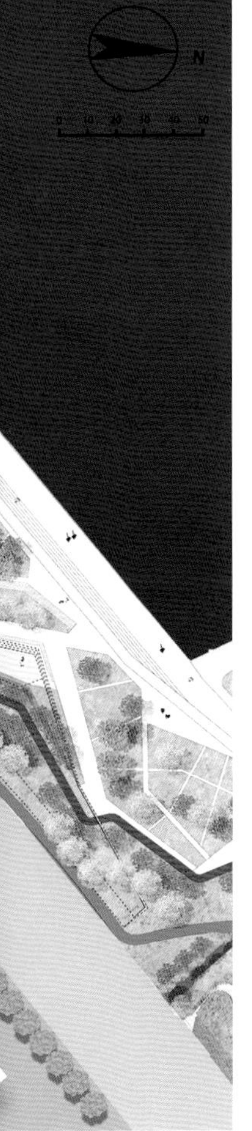

上中路绿地活动场效果图

上中路绿地效果图

三林滨江绿地

三林滨江区域由于既有城中村尚未拆迁结束，沿江路还未建设，滨江区域与腹地割裂较为严重。同时，在该区域有着具有江南传统风格的古民居建筑群、保留完好的工业厂房建筑、自然生长的植被群落、大量分布的高桩码头等优势条件，具有改造提升的潜力。三林滨江的改造提升以“浦江之翼、浦江之忆、浦江之驿”为目标，通过保留历史厂房建筑和码头设施，为浦江三林渡口片区保留下最后一片记忆、一张历史画卷，谱写下这片土地独有的故事。结合滨江绿地，贯通慢行通道，营造景观节点，为川流的人群创造一个可以休闲停留的地点、一个汇集人流的服务点，成为东岸慢行的休闲驿站。自北向南将三林滨江绿地划分为水上活动区、漂浮花园区和终点广场区。漫游三林，遥想三林塘的悠久历史，在漂浮式的湿地花园中穿行而过，在古民居聚落中品一杯茗茶，感受闲适惬意的田园生活。

三林滨江绿地平面图

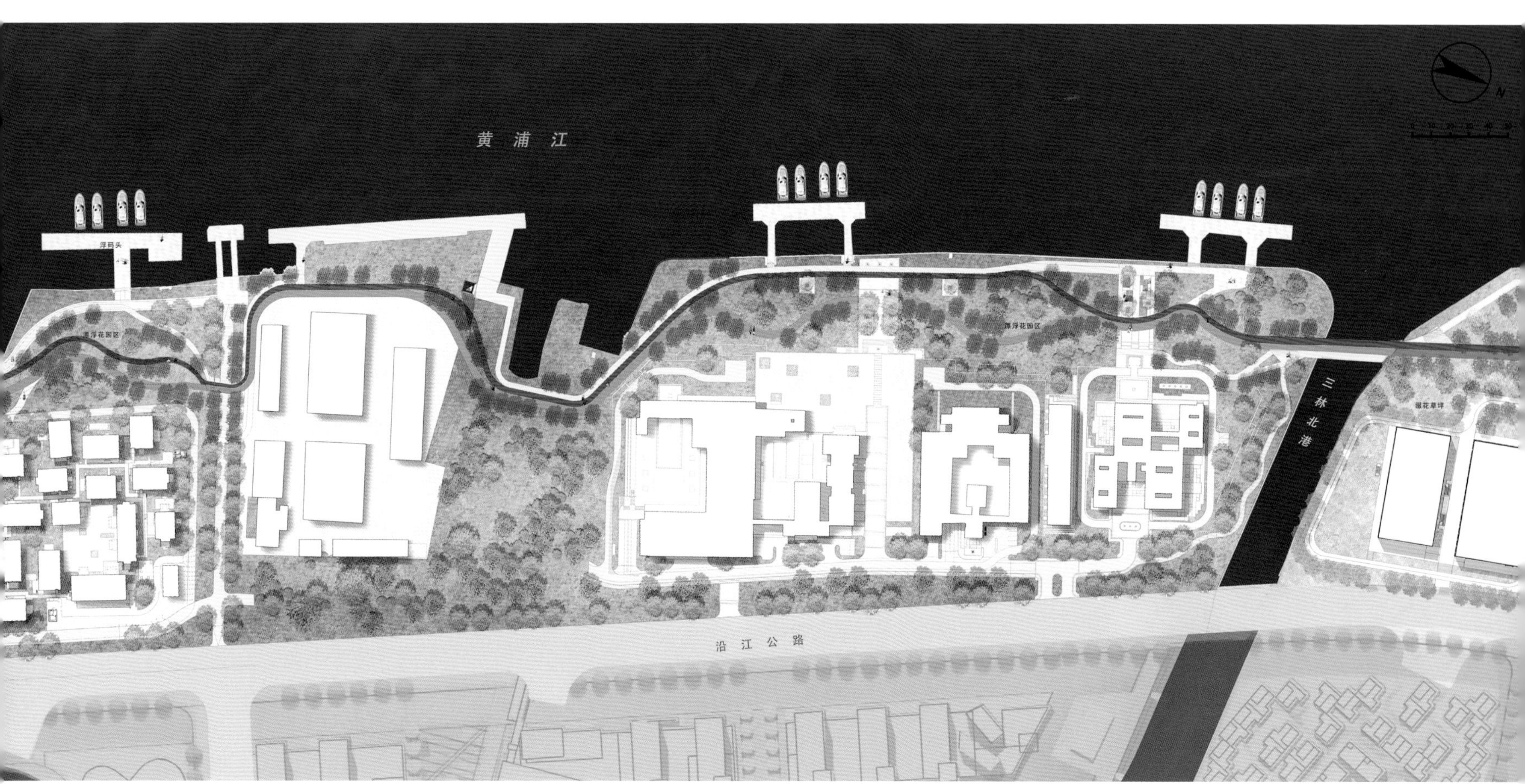
黄 浦 江
浮码头
三林北港
沿 江 公 路

三林滨江绿地效果图

三林滨江绿地三道示意图

三林滨江绿地三道示意图

三林滨江绿地开放空间效果图

三林滨江绿地开放空间效果图

三林北港桥和三林塘港桥

三林滨江的腹地现状有着许多特色徽派建筑，要和这一建筑景观相融合，整个三林地区漫行桥设计以融合为主要概念。

三林北港园桥采用“翼云桥”理念，桥梁非常简洁实用、简洁轻盈，避免对现有建筑的视线遮挡和影响。桥梁主体结构为三跨连续梁桥结构，主跨一跨过河，桥身与扶手使用钢板焊接，接缝磨平，外部使用金属氟碳喷涂材料。桥面使用彩色陶粒地面，自行车道和步行道也是用颜色和肌理进行区分。

三林塘港桥借用徽派建筑的理念和元素，在结构设计上，突出小桥流水的曲径风格，色彩和周边环境形成统一。三林塘港慢行桥长约 127 米，呈 S 镜像形状，净宽 7 米，满足包括漫步 + 跑步道（3 米）和双向骑行道（4 米）的功能需求。慢行桥的形态简洁，总体色彩参考粉墙黛瓦意向。桥体扶手栏杆根据周边环境状况虚实结合，在玻璃栏杆扶手处还采用江南园林中经常出现的冰裂纹作为底纹图案，极具现代感。桥梁采用钢结构曲线连续梁形式，桥身采用箱型梁结构，简洁明快。金属板包裹后打磨抛光喷涂灰色涂料，与周边环境融合较好。

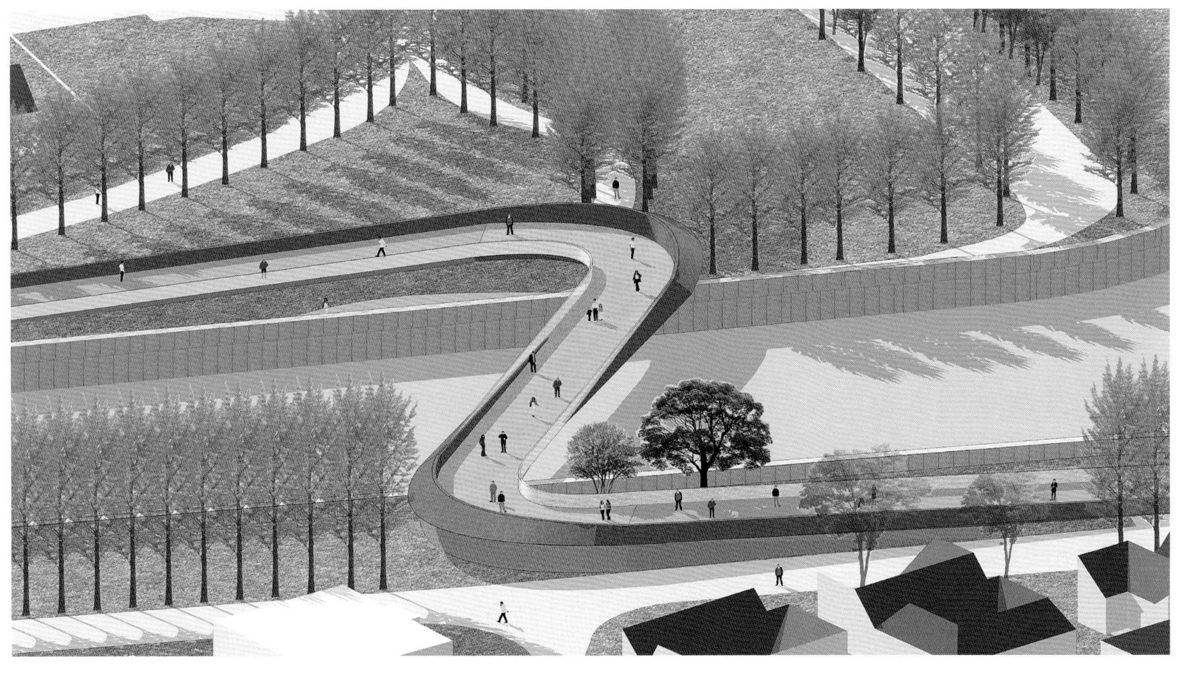

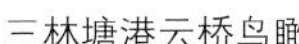
三林塘港云桥鸟瞰

三林北港云桥效果图

三林北港云桥桥下空间效果图

三林北港云桥桥下空间效果图

终点广场

终点广场位于徐浦大桥以北，是东岸贯通的终点区域，成为可供游客集散聚会、节事活动和休闲娱乐的良好去处。将硬质铺装场地、大树草坪、景观水景等设计元素相结合，营造不同尺度的户外活动场地，利用保留工业厂房建筑形成创意文化园区，在为市民提供日常户外空间活动的同时，亦能接纳不同的集会活动，形成人流集散有序，适合各类户外群体活动和户外休闲商业活动的滨水公共活动空间。

终点广场效果图

终点广场效果图

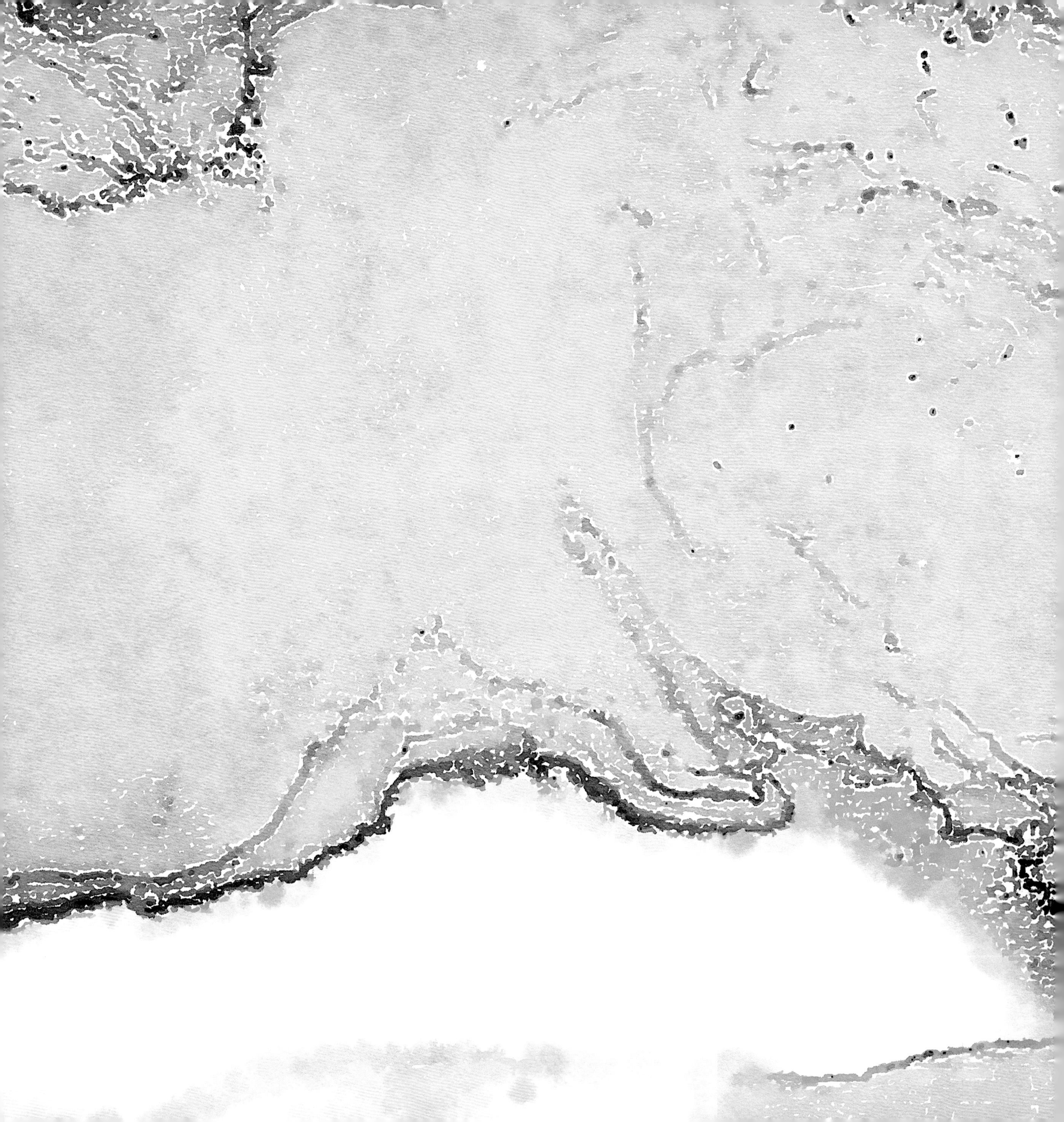

魅力东岸
THE CHARM
OF THE
EAST BUND

魅力东岸
THE CHARM OF THE EAST BUND

活力
Vitality

人文
Culture

自然
Nature

活力
Vitality

城市空间的活力源于人群的到达、停驻和聚集，而人们对城市空间的体验，则与空间的人性化尺度、可达性、舒适性息息相关。

黄浦江东岸公共空间贯通规划设计致力于塑造充满活力的浦江东岸，形成开放通达的道路网络、畅行连续的慢行系统、便捷智慧的服务设施，为市民提供富有吸引力的公共空间。

开放通达的网络系统

具有活力的滨江水岸应是一个与城市其他区域便捷连通，向全体市民和全世界游客开放的公共空间。通过构建开放通达的城市交通网络，形成东岸滨水空间与城市腹地的互动、黄浦江两岸的互动。

东岸滨水空间与城市腹地的空间连通仰赖于多元综合的公共交通体系。浦江东岸 22 公里沿线的地面公交分布不均匀，呈现出“北多南少”的局面，滨江与腹地连通性较弱，可达性不高。浦江东岸将通过公共汽车、地铁等多种交通方式与浦东新区腹地、城市其他区域进行连接。首先，规划将增加公交设施，新增浦东东昌路至前滩地区的公交线，实现沿江公交基本贯通；优化新华民生、世博前滩等区域常规公交线网；推进其昌栈（浦东大道）枢纽、钱康路、周家渡、世博大道等公交枢纽、首末站建设。其次，规划将提高设施间的连通度，形成轨道交通站点的主要衔接通道增强步行舒适度；通过衔接道路串联轨道站点与其他公交换乘枢纽、轮渡站，形成步行友好的公共交通体系。

黄浦江两岸间的空间连通规划利用黄浦江全线的水上交通系统来实现，利用轮渡站和游船、游艇码头作为水上交通站点，提供沿江、过江的更多水上交通及游览线路，形成水上交通南线（小陆家嘴至徐汇滨江）和北线（小陆家嘴至杨浦滨江）。

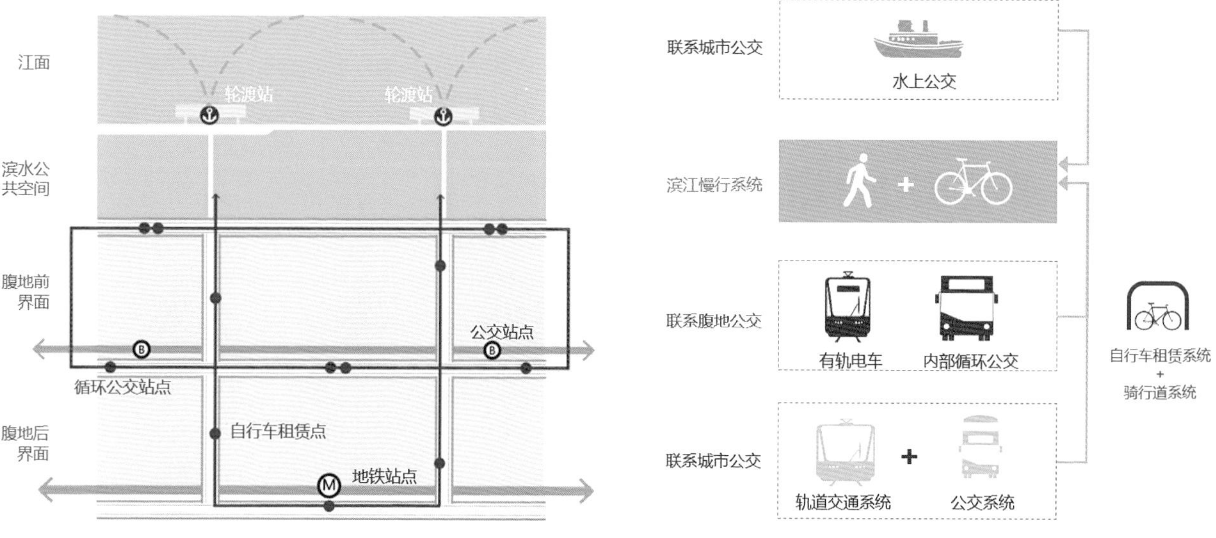

多种交通方式到达

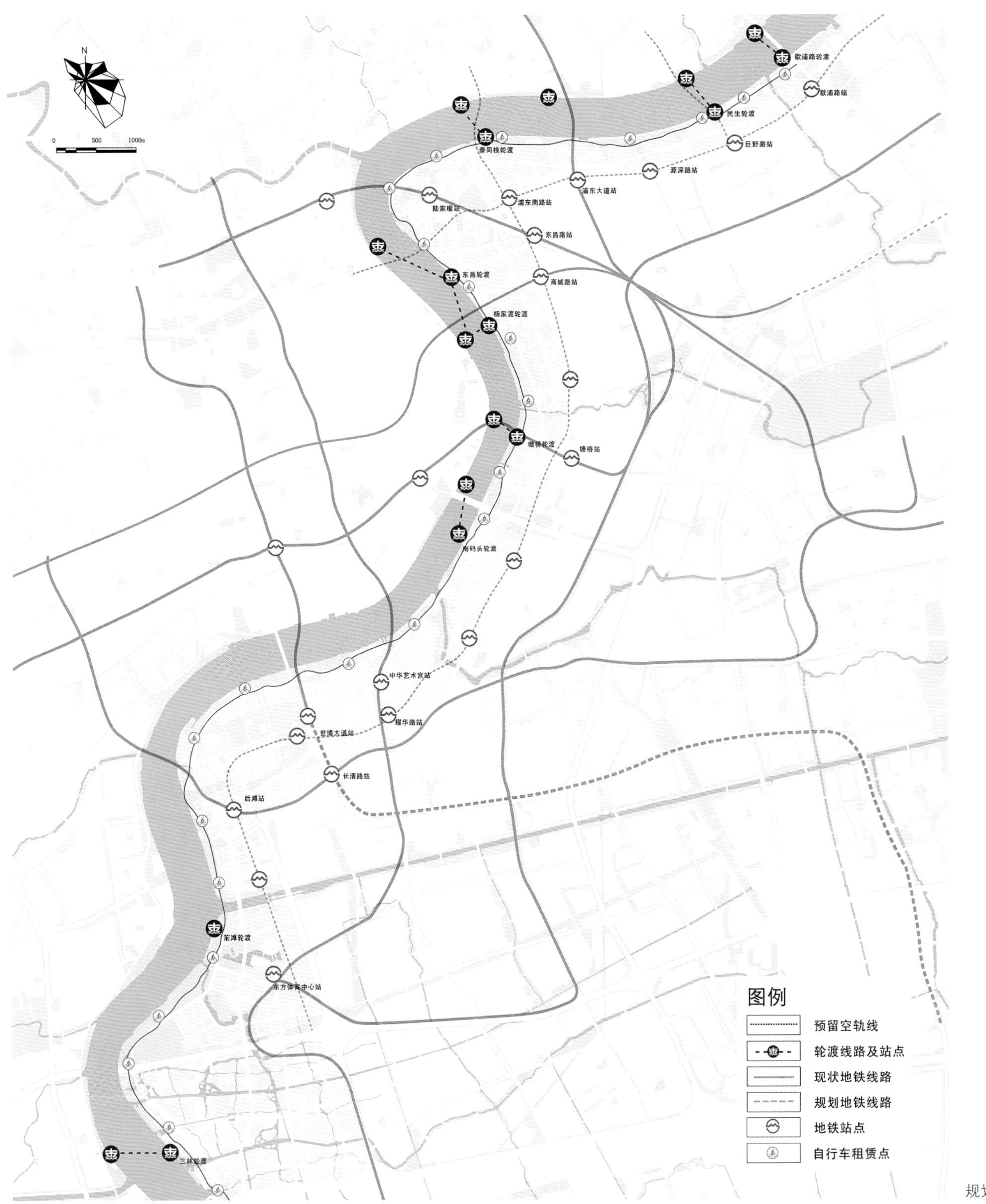
N
0
500
1000m
歇浦路轮渡
歇浦路站
民生轮渡
巨野路站
源深路站
泰同栈轮渡
浦东大道站
陆家嘴站
浦东南路站
东昌路站
东昌轮渡
商城路站
杨家渡轮渡
塘桥轮渡
塘桥站
南码头轮渡
中华艺术宫站
耀华路站
世博大道站
长清路站
后滩站
前滩轮渡
东方体育中心站
三林轮渡
图例
预留空轨线
轮渡线路及站点
现状地铁线路
规划地铁线路
地铁站点
自行车租赁点

规划公共交通图

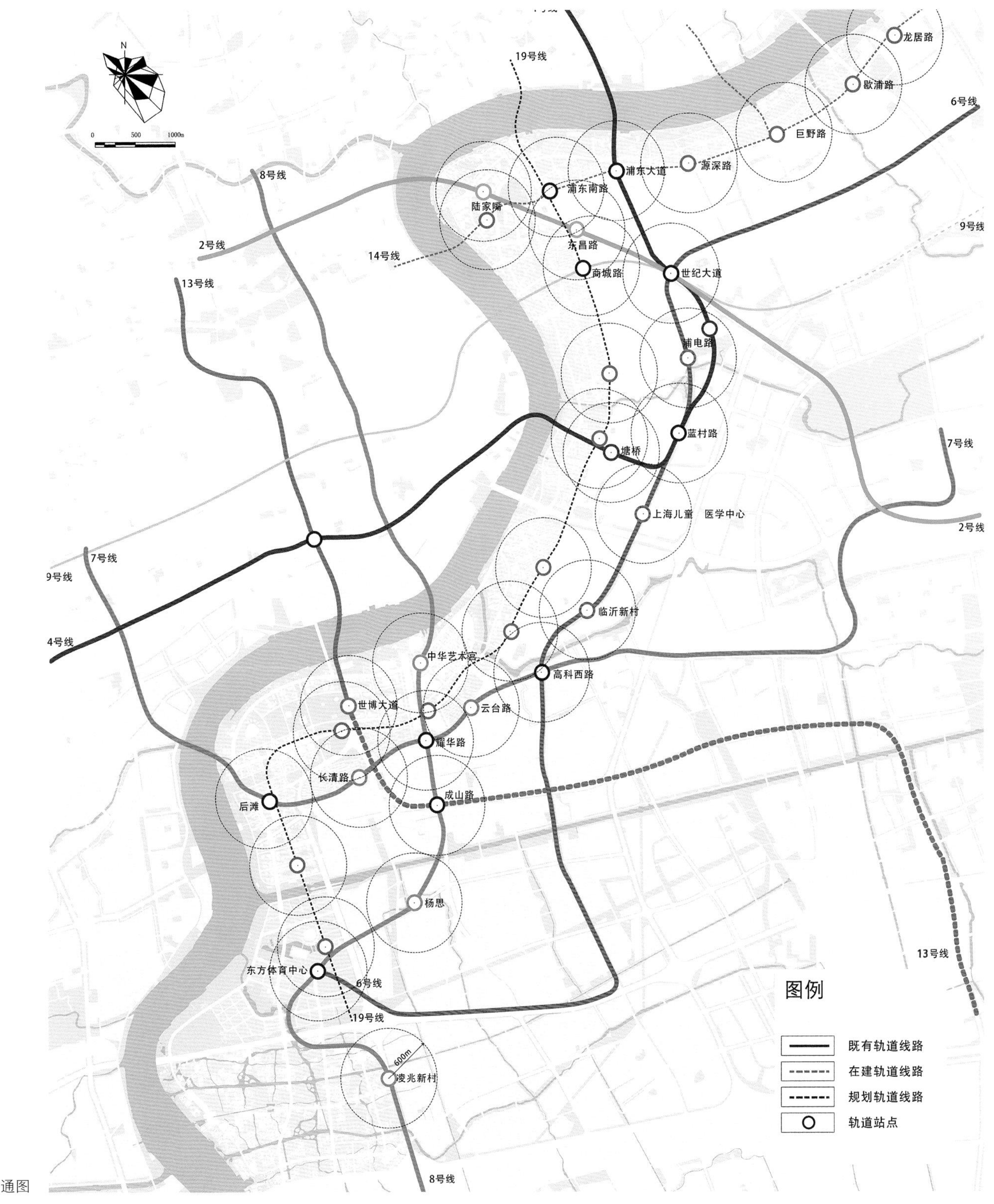
19号线
龙居路
歇浦路
6号线
巨野路
源深路
浦东大道
浦东南路
陆家嘴
8号线
东昌路
2号线
14号线
商城路
世纪大道
9号线
13号线
浦电路
蓝村路
7号线
塘桥
上海儿童 医学中心
2号线
7号线
9号线
临沂新村
4号线
中华艺术宫
高科西路
世博大道
云台路
耀华路
长清路
成山路
后滩
杨思
13号线
东方体育中心
6号线
19号线
图例
既有轨道线路
在建轨道线路
规划轨道线路
轨道站点
600m
凌兆新村
8号线

规划轨道交通图

畅行连续的慢行系统

提升东岸活力的第一步，在于创造连通、可达、安全、舒适的滨水慢行环境，以使市民能在亲水近水的环境下进行漫步、慢跑、休闲骑行等多种活动。

滨水慢行步道系统用三条连续的慢行通道组织起浦江东岸的多彩金丝，从江边向内延伸到腹地，分别是“低线漫步道”“中线跑步道”和“高线骑行道”。慢行系统不仅将提供人们活动的空间，也将通过植物配置打造浦江东岸的“炫彩丝带”，增强景观特色，移步易景，使人们在其中的活动变得更加丰富且新奇。

低线漫步道以“亲水漫步，悠闲自然”为主题，提供景观丰富、滨江视线开阔的漫步空间。活动人群的设计运动速度约为每小时 5 公里，原则上临江设置，是滨江一线亲水慢行道。在低线漫步道上，人们或穿行于缤纷绚烂的十里桃林之下，或沿着高桩码头穿越历史的记忆，或深入于湿地探寻自然野趣，或以水上走廊的方式时隐时现。步道铺设在滨江的自然与人文环境之中，串联起东岸的绿地景观、工业遗存等。与其说人们在这里经过，不如说人们在这里漫游，在这里发现探索，在这里交往互动。人们亲近于自然生态环境，沉浸于历史文化氛围，在深入体验中发现滨江之美，并留下多元丰富的探索体验和专属的游赏记忆。

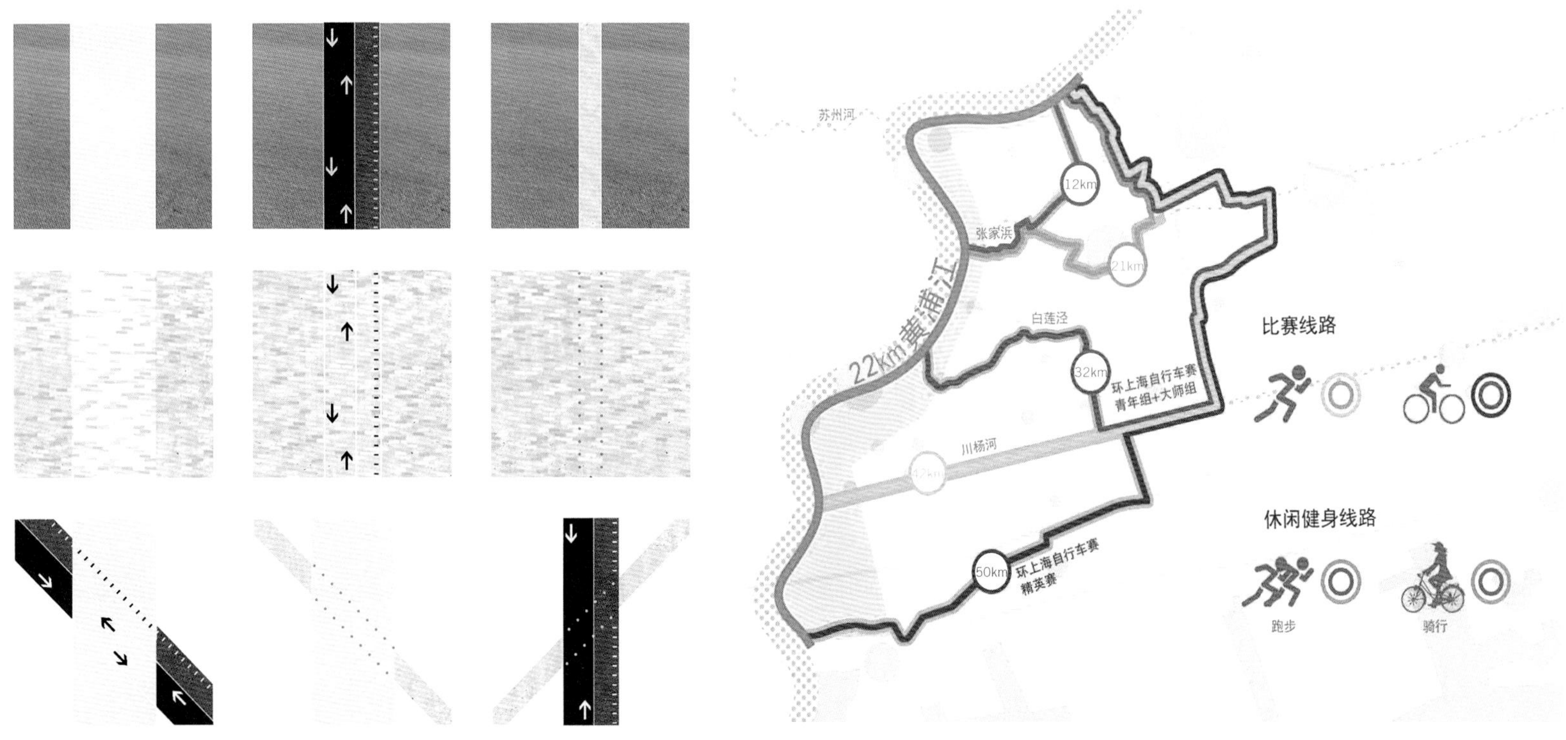

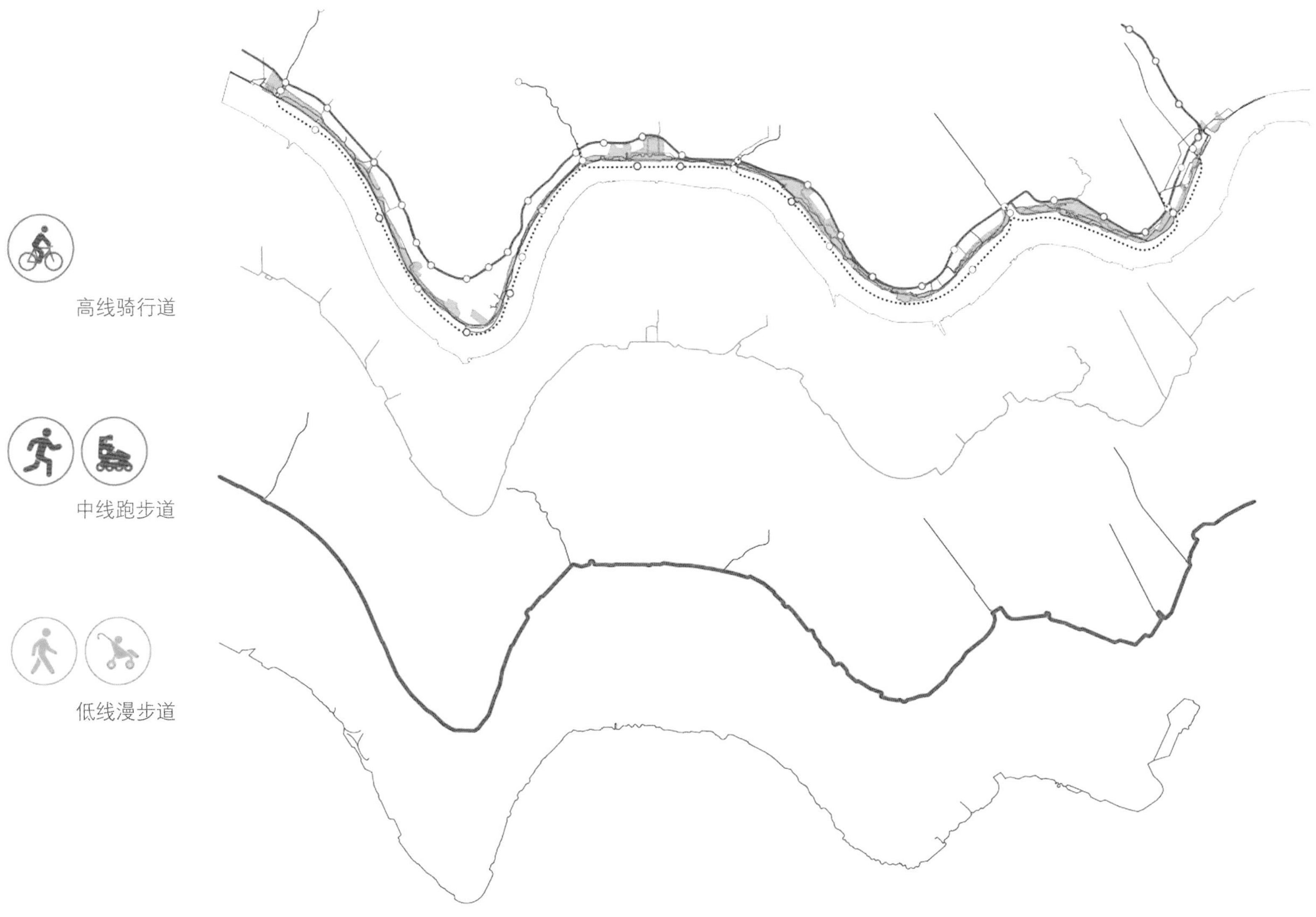
高线骑行道
中线跑步道
低线漫步道

低线漫步道一方面靠近水岸，市民们可以凭借开阔的视野眺望浦西对岸；另一方面又串联了沿岸最重要的节点空间、城市广场及公园，不同年龄段的人们都可以不紧不慢地安心行走，到达各个节点空间，参与到丰富多彩的公共活动当中。漫步道周围配置各类服务设施，人们可以在路旁的座椅上休憩，可以围着路边吧台聊天，可以在流动餐车处获得饮料零食等等，人性化的道路尺度和服务设施，疏朗通透、景观丰富的植物配置为市民们营造出轻松愉快的漫步氛围。

中线跑步道以“健康生活、超越自我”为主题，提供充满活力的林荫运动带。活动人群的运动速度为每小时 8~10 公里 ，主要位于滨江绿地内部，与绿地结合，穿插设置，满足人们休闲慢跑健身的需求。人们可以在这里快走或慢跑，流畅、连续、安全的线形道路提供了舒适的运动氛围。树荫遮蔽了夏日阳光的曝晒，又在冬天时为阳光留出空隙，从江面上看，中线跑步道两侧景观可以作为江畔缤纷色彩的绿色背景；从跑步者的角度看，绿意盎然的景观则营造了森林乐跑的舒适环境，步道环境由此变得更加宜人。路旁的公里数标记则方便跑步者记录自己的运动强度，在达到记录和打破纪录的过程中不断超越自我。辅助健身设施让运动者在移动之余也可以停留下来，共同健身的人可以在同一空间相互交流，增进情谊。跑道两侧绿化将采用复合式群落结构，突出生态多样性，同时强调植物的疏朗通透，提高林下空间的可进入性。中线跑步道串联起交通站点，和城市交通系统密切相连，是浦江东岸与城市其他地方相连通的主干线。

高线骑行道在滨江绿地内串联沿线的活动设施，活动人群的运动速度为每小时 10~20 公里 ，主要位于滨江绿地内部较外侧，与绿地结合，穿插设置，满足人们休闲骑行的需求。骑行道标高与防汛墙标高齐平，部分区段延伸至城市腹地，串联城市重要的节点空间。双向骑行道的设置塑造了连贯又充满节奏感的线性空间。骑行道或穿梭于绿地内，或采用高架形式，让骑行者有不同的环境体验。同时，骑行道也将与腹地城市道路的骑行相衔接，形成连续的骑行网络，营造高线骑行道两侧植物景观上层简洁、下层丰富的造景效果。

慢行三道采用灵活多样的布局相互交织、组合变换，或并行，或分设，在条件允许时，保证不同活动人群有独立的活动空间，最大限度地减少冲突。当遇到自然河道、桥墩、轮渡码头等固定障碍物阻挡时，慢行道将部分采用水上栈道、架空慢行道等形式跨越，保障畅行安全与连续。

低线漫步道

便捷智慧的服务设施

便利的公共服务配套设施，总能为人们在城市空间中活动时提供许多人性化体验，促使人们更加频繁地到访城市空间，在空间中聚集交往。浦江东岸的活力提升，通过便捷智慧的环境设计，提供服务设施的多层次、复合化配置，方便居民、运动人群、游客、弱势群体等各类人群到访滨水公共空间，同时通过智慧的后台服务，整合设施利用和滨水活动。

浦江东岸遵循公益性、多元性、系统性、人文性的原则提供多元、多层次的公共服务配套设施。周边现有的服务设施将被充分利用，尽量依托现状建筑复合配置；没有可利用现状建筑的区段，则鼓励使用可移动设施，减少建设和维护成本，体现生态环保的建设要求。基于使用者活动需求、游憩需求、管理需求完善公共空间的服务功能，并将公共服务配套设施分为基础类、提升类、管理类三类：

基础类设施包括环卫设施、运动驿站、停车设施、休闲点等，提供慢行活动必要的配套服务功能。区别于一般城市地区的公共服务设施，浦江东岸的服务设施从使用者角度出发，更加细致与周全。例如，运动驿站的布局将结合运动者的运动习惯和使用需

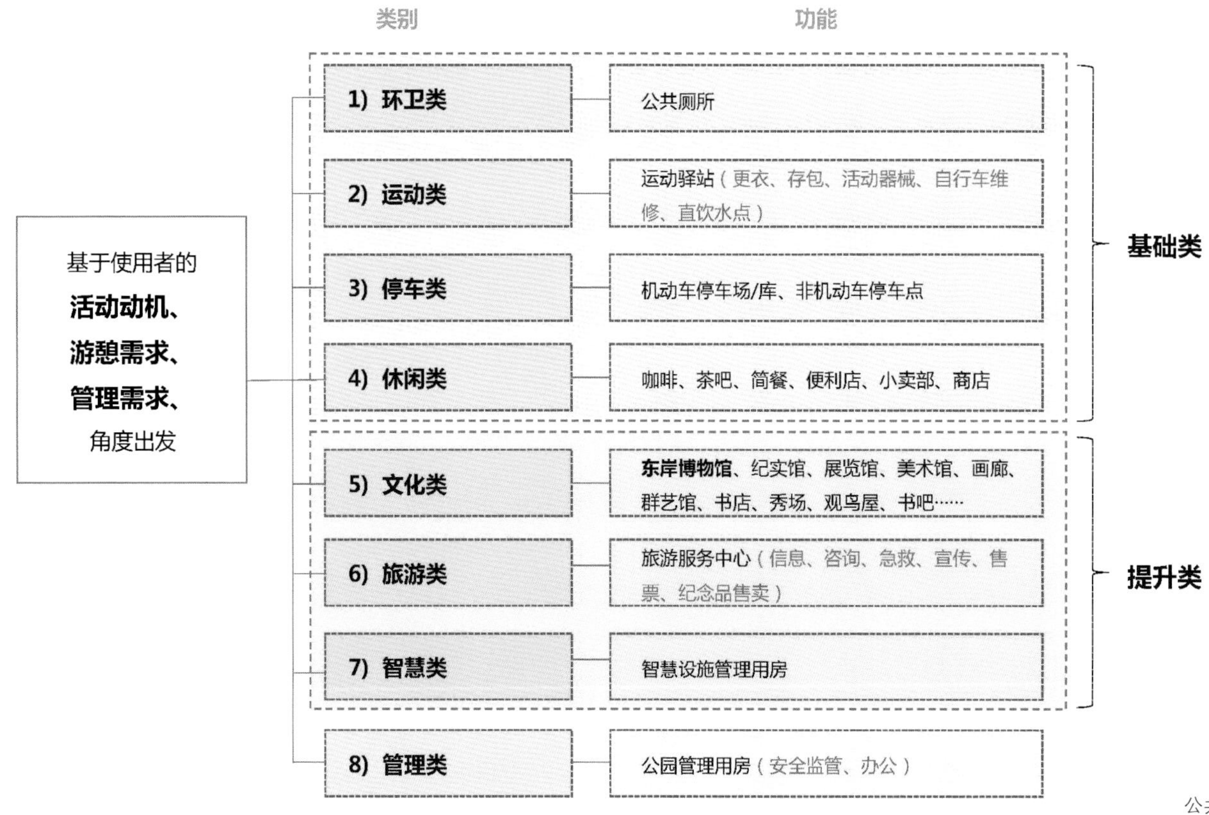

公共服务设施分类

求进行集约化布置，服务半径不大于500米，其内提供包含更衣、存包、活动器械、饮水等满足运动者的需求。

提升类设施包括文化展示、旅游咨询、智慧设施等，并形成黄浦江地域特色，例如改造浦江东岸现有的历史建筑，作为文化设施使用。

管理类设施主要是包括对公园进行管理服务的相应设施。需要将管理用房与周边的景观环境进行协调统一设计。

基础类设施的布局需遵循一定的服务半径，均匀布置，满足人们的基本需求，实现浦江东岸全覆盖的要求；提升类设施的布局需根据不同区段的腹地功能、活动需求的差异，满足文化展示、商业服务、餐饮消费、体育休闲等多样化的功能需求；管理类设施则根据各个公园管理者的使用需求，按需合理设置。

浦江东岸还将充分利用物联网、云计算、大数据等信息技术手段，形成具有上海特色、国际领先的滨水开放空间智慧服务体系，以服务需求和管理需求为出发点，进行顶层设计，统筹考虑运营管理问题，提出有针对性、差异化的落地实施内容和功能提升选项。

借用新媒体的智慧后台服务，更好地服务于智慧出行和安全监测，整合设施利用和滨水活动，为不同类型的到访者提供更加贴心更加人性化的服务，提升滨江水岸的空间体验，吸引更多人加入到东岸空间及多元活动当中，塑造适合所有人、为所有人所共享的活力东岸。

公共服务设施室内效果图

人文
Culture

城市的发展源泉，来自一个城市悠久的历史文化、优美的城市风光、独特的民俗风情、积极向上的精神风貌、富有创造力的城市建设等。作为城市近代文脉传承、现代发展见证与当代景观地标的浦江东岸，更是人们重拾城市记忆、感受城市魅力的最佳场所。

黄浦江东岸公共空间贯通规划设计致力于重塑人文气息浓厚的浦江东岸，通过对历史与相关文化风貌资源的回溯，各类不同时期建筑的梳理，公共艺术、环境、地标、照明系统等的塑造，以及对岸视觉资源与视线廊道的重塑，构建特色多元的公共空间，突显古今辉映的地方文脉，营造协调瞩目的视觉景观，为市民提供回望浦江历史、享受东岸文化的公共场所。

特色多元的公共空间

人们在公共空间的良好活动体验，与空间本身息息相关。从世界上滨江公共空间的发展趋势来看，多元而又富有特色的公共空间，可以吸引更多人的目光，引导更多人的到访与驻足；公共空间的文化氛围，是激发空间活力，提升空间品质的重要因素。

浦江东岸的到访者，有周边的居民或商务人士，也有来自世界各地的游客。人们或是呼朋引伴聚会出游，或是休憩消闲漫步放松，或者亲子活动教育熏陶，或是户外运动强身健体。面对人们的多元空间需求，浦江东岸将以均好性为原则，设置公共空间序列，并将多样化的广场、绿地等公共空间组合穿插于滨江空间中，为人们提供交往、休憩、教育、运动场所，通过精心的空间布局设计让公共空间更加宜人。多元化的公共空间将是未来滨水空间的重要吸引点，在不同的时间赋予东岸多样化的魅力特色。

特色多元的公共空间序列将贯穿于沿江全线，形成以人的休闲活动为主要功能的场地式开放空间，包含不同尺度和功能的节点广场与小广场，并通过慢行道进行串联。节点广场将保证景观的开阔性，能够举行大型展演活动，绿地和广场均有良好的开放性，面积不小于 1 000 平方米；小广场将在滨水公园绿地内部创造交往空间，尺度较小，以“精致、小巧、多样”为原则，创建富有趣味、形式多样的环境，面积不小于 500 平方米。活动空间节点与弹性开放空间相互交错，公共建筑、广场、绿地次序排列在连贯的滨江通道两侧，拼贴成浦江东岸的系列公共空间，满足不同的使用需求。

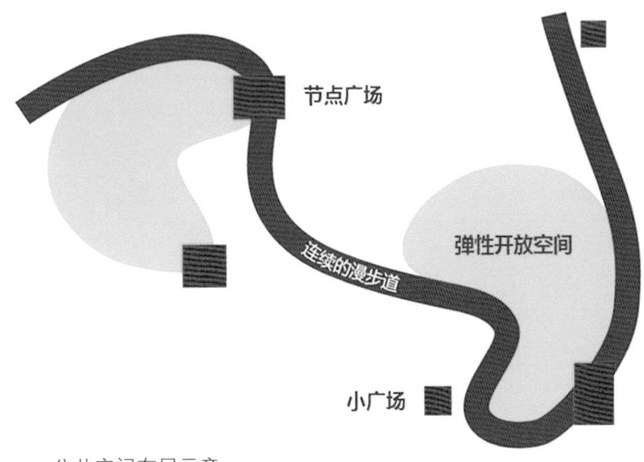

公共空间布局示意

根据五个区段的特色与使用者需求打造有特点、多元化的公共空间，或利用滨水码头营造公共活动空间，或利用桥下原本消极的空间打造活力广场，或在滨水绿地公园内部，利用地形创造微型社交和活动空间，抑或促进商业设施、野外餐饮区等公共空间的弹性复合利用，多样化的设置方式将使得滨江开放空间更为活泼、更具活力。注重趣味化、人性化的设计，包括设置面向公共休憩活动、非营利性用途的亭、廊（有顶或无顶）等构筑物；利用公共建筑的布局，形成私密的“受保护”的角落；断面宽窄变换，提供多样的空间形式；设置屋顶绿化、垂直绿化，提高绿化生态效应，等等。

多样化的文化和艺术活动的加入，是提升公共空间文化氛围的要点。浦江东岸将设置海鸥剧场、滨江秀场、艺术水岸等多个文化和艺术活动场地，引入戏剧演艺、文化展览、公共艺术等多种活动，吸引更多游客到来参与，营造浓厚的文化氛围，激发公共空间的文化活力。

借以公共空间的功能、布局、景观设计塑造多元的公共空间，再以文化和艺术元素提升空间质量，提炼空间特色，由此将浦江东岸打造成城市文化艺术的新地标，向世界游客展现城市滨水魅力。

FURNITURE
滨水家具
STAGE
沿江看台
PATH
运动绿道
GAME
浅水互动
TRESTLE
水上栈道
THEATRE
江湾剧场
LAWN
缓坡草坪
CORRIDOR
观光通道
PARTY
市民客厅

多元的公共空间意向图

STROLLING
闲逛
PLAYING
玩耍
CONCERT-GOING
音乐会
SITTING
休憩
VIEWING
观赏
DANCING
广场舞
CYCLING
骑车
EATING + DRINKING
餐饮
JOGGING
慢跑

多样的公共活动意向图

古今辉映的地方文脉

浦江东岸的历史遗存，见证了上海自古至今居住聚落形成、近代工业兴盛发达、现代城市全球化转型的发展进程，也为东岸滨水空间的塑造提供丰厚的历史文脉滋养。保留历史建筑、传承场所精神，是对根植这片土地的人文思想与情感的尊重，也是对于地方文脉的延续。

浦江东岸拥有不少历史建筑和工业遗存。这里有比上海城更古老的三林古民居，代表着古代江南水乡村居的物质和非物质文化留存。这里散落着码头仓库、煤仓、船厂厂房、花园洋房等一系列黄浦江畔近现代工业发展历史与城市近代化的见证者，如珍珠项链串联起浦江的文化脉络。同时，由于身处上海改革开放、创新发展先行区的浦东新区，浦江东岸也有代表国际化、时代性特征的东方明珠塔、上海中心、环球金融中心、金茂大厦、中华艺术宫、东方体育中心等现代建筑，象征着上海近年来的国际化发展。

为切实体现城市精神，建设世界级滨水区，浦江东岸将着重平衡滨水空间的全球化特征与地方文化特色，通过场所营造、公共艺术和历史建筑利用，对历史建筑进行更新提升，在保留其风貌的基础上，探索多样化的利用方式，实现历史感与现代感的交融，形成浦东黄浦江沿岸历史风貌特色区。一方面，规划充分挖掘了具有历史记忆、传承东岸场所精神的建筑及构筑物，除既定的保护建筑外，共确定了 18 处值得保护的建筑与构筑物，并保留了轮渡站、古树名木等其他具有场地记忆的元素；另一方面，在公共空间更新中，通过建设公共建筑、设置公共艺术品，提升滨江地区文化属性和可识别性，控制临江建筑风格与滨江环境相协调，营造兼具历史感和现代感的城市形象，突显黄浦江滨江特色。其中，歇浦路 8 号、民生码头、上海船厂、老白渡煤仓等便是浦江东岸古今辉映、新旧景观共生、文化价值再现的典范。

借由对历史建筑的改造和再利用，浦江东岸以加入公共艺术、空间重新设计、改变功能结构等手法，把区域历史文脉和场所精神融入新的城市公共空间之中，使其成为现代全球化城市的新景观和新地标。在古今辉映的地方文脉中，历史底蕴将支撑着浦江东岸走向更远的未来。

1　民生码头 273 库
2　滨江保留塔吊
3　民生码头 8 万吨筒仓
4　由隆花园住宅
5　歇浦路 8 号保留建筑
6　张家浜旁保留建筑
7　浦江一号建筑
8　安记栈
9　三林古民居
10　三林古民居木结构
11　其昌栈花园住宅
12　艺仓美术馆

浦江东岸历史遗存

协调瞩目的视觉景观

视觉景观是人们到达一个地点后的第一体验，风貌的整体协调给人以舒适的视觉享受，标志性的视觉亮点则将成为人们的目光聚焦点，吸引人们前往。浦江东岸贯通项目的视觉景观设计，意在确保两岸滨江环境风貌的整体协调，与对岸良好互动，并通过景观和环境设计，强调东岸独特的视觉体验和空间可识别性，形成具有独特吸引力的城市观景点。

改造后的浦江东岸，将形成多个可识别的视觉焦点。除了陆家嘴高楼群、世博园区建筑群、梅赛德斯－奔驰文化中心、杨浦大桥、南浦大桥、卢浦大桥、徐浦大桥等现有的标志性建筑及构筑物之外，新形成的民生艺术港、船厂滨江绿地、船坞绿地、耀华绿地、三林古民居等也将成为新的文化地标。这些地方凭借其文化、体育、公园、历史等元素成为新的视觉焦点，可轻易地被辨识。

除了建筑形态之外，浦江东岸还将利用灯光照明提升其可识别性和吸引力。灯塔将统一浦江东岸的整体标识。灯塔是响应跑步者与市民需求的“1 公里漫步跑步骑行里程”的记录点，选取广场、高桩码头、道路端景、河口等视线开阔的场地布置，将便民服务设施和文化记忆融为一体。人们可以在灯塔上观景，识别出自己的位置。夜间，灯塔的照明勾勒出绚丽多彩的浦东水岸线，黑夜中温暖的灯光也体现着城市的安全。

灯塔在标志性构筑物这一基本功能的基础上，其他服务设施将与之相结合，形成功能各有侧重的观景台。这些多元观景台或结合单车租赁点、咖啡馆等旅游休憩服务，或结合图书馆、社区中心等社区服务，或结合教育馆承担科普教育功能。游客在观景台上还可以享受无线网络、补充饮用水、查询交通信息和旅游资讯等服务。多元的服务设施、造型各异的观景台将成为浦江东岸的标志性节点，也为游客创造出多元丰富的城市游憩体验，彰显城市公共空间的人文关怀。

与灯塔和视觉焦点相配合的，还有连通黄浦江两岸及腹地的视觉通廊。自然形成的水系和通向水岸的道路，形成最初的视觉通廊。水两旁建筑物的遮蔽形成一定程度的视觉限定，人们可以在“框景”中眺望对岸的特色景色，识别自身所处的位置。除了自然通廊和道路通廊外，沿线通过立面控制、种植设计等手段，预留足量的视觉通廊，保证视线通透，使滨江景观渗透进腹地，强化通道的视觉引导性，鼓励游客把目光投向对岸，增加景观趣味性与丰富性。同时，设计还将对岸的重要地标建筑放置在视觉中心，控制视野中的近景、中景、背景，让对岸的景观更有特色也更富吸引力。强化两岸之间的视觉互动，也是在提高浦江东岸的特色魅力，提升城市滨江活力空间。

视觉渗透模式图

1 杨浦大桥
2 南浦大桥
3 卢浦大桥
4 徐浦大桥
5 陆家嘴滨江
6 民生艺术港
7 世博源
8 梅赛德斯奔驰文化中心
9 三林古民居
10 前滩体育中心
11 灯塔
12 洋泾港云桥

Mercedes-Benz Arena

协调而又各具特色的两岸风貌景观，加上积极引导形成的视觉通廊和视觉焦点，浦江东岸将建构起极具自身可识别性的地标性景观和视觉吸引点。灯塔将串联起东岸的人文地标和水岸线，描绘出浦东的新人文图景。

浦江东岸夜景效果图

自然
Nature

建设生态型城市，促进经济、社会和环境全面协调与可持续发展，是当今世界城市建设的大趋势。营造绿色生活，提倡生态文明，也是人们追求的现代生活方式。黄浦江作为上海的母亲河，是上海市域范围内最核心的生态廊道，串联起全市重要的绿地、河道的蓝绿生态网络，在整体生态系统中有着极为重要的地位和作用。因此，浦江东岸的生态环境情况与城市的整体自然环境紧密相关。

黄浦江东岸公共空间贯通规划设计致力于提升浦江东岸的自然生态，建设亲水怡人的绿色岸线、安全弹性的滨水界面、水绿交融的生态格局，形成城市中心绵延 22 公里的绿色生态链条。

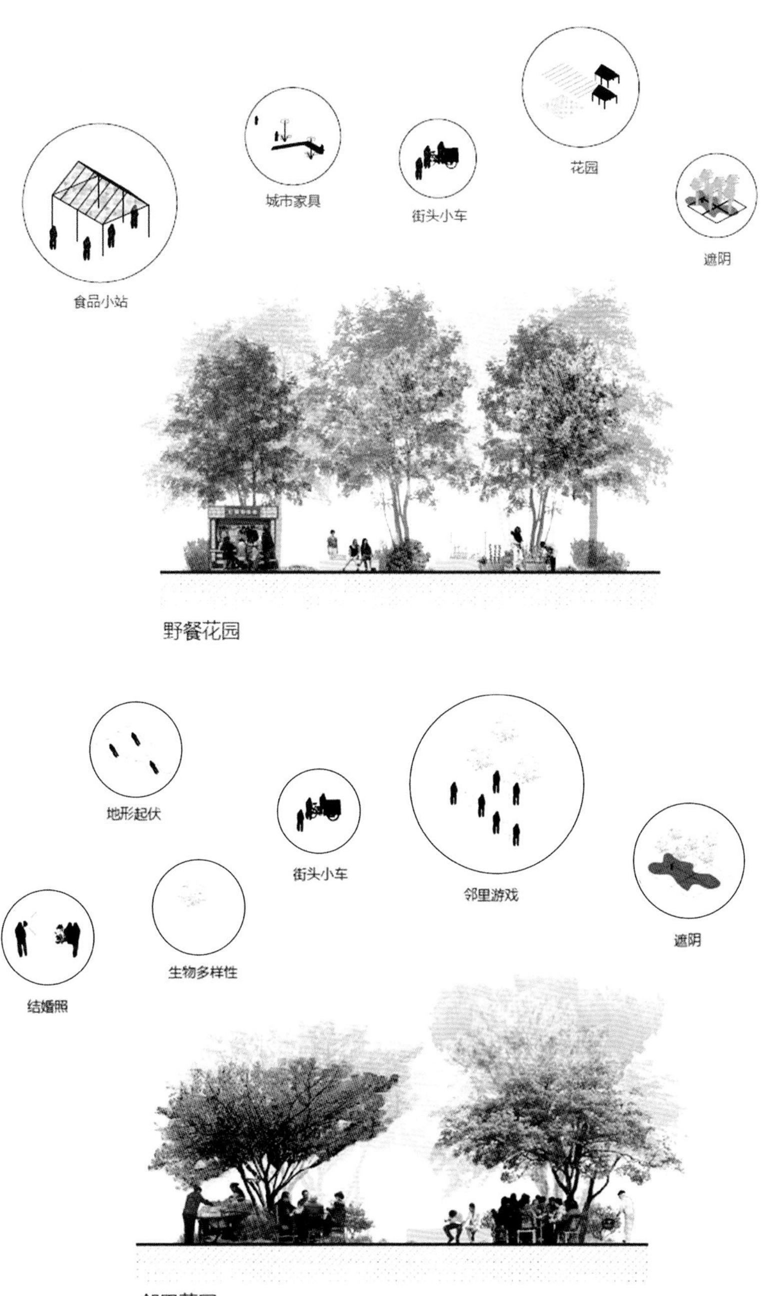

亲水怡人的绿色岸线

贯通浦江东岸 22 公里的绿色水岸线，需要平衡滨水自然环境保护与公共活动需求，保障滨水岸线的绿化量，保护自然驳岸，并通过设计和技术手段，最大限度地降低人工环境对自然生态环境的影响，修复和提升黄浦江东岸公共空间的自然生态环境。

黄浦江有着诸多支流，其中洋泾港、张家浜、白莲泾、川杨河、倪家浜、三林北港、三林塘港等支流汇入浦东，在浦江东岸形成若干河口区域。在贯通的过程中，不可避免地会遇到这些河口断点区域。在没有架设人行桥梁的河口，就形成自然断点、堵点。对此，规划需要在保护自然环境的前提下，采用不同的贯通策略，以最小的自然环境影响程度，连通河口两岸。

对河口断点，规划将通过架设轻体量的桥梁连通河口断点，避免对河口生态的破坏，让原有的河口自然环境得以延续发展。依据河口两侧的道路情况，桥梁的架设分为三种形式——人行桥和车行桥分离设置、人行桥和车行桥合并设置、人行桥独立设置。不同形式的选择依据具体人行和车辆通行的需求而考虑，减少对河口自然环境的影响。新架设的桥梁将会成为河道上的新景观，加之独特设计的桥梁夜景照明，实现断点变亮点，提升河口空间的景观品质。

绿色岸线的户外环境

除了自然断点，黄浦江东岸公共空间贯通的过程中还遇到多处轮渡断点、建筑断点。进出轮渡码头、游艇码头的人流与车流妨碍滨江动线，工业、商业、服务业建筑所在地则隔断了滨江区域，或不允许公众进入。

对于各类沿江断点，滨江公共空间步道将采用内置、前置、后置、跨越、水上新建等多种策略进行贯通。“内置”指将步道内置于原有建筑之中，将步道的设置与建筑改造相结合。例如原有的轮渡枢纽站将被改造为立体交通转化空间，步道结合轮渡枢纽建筑二层进行设置，在延续轮渡原有功能的同时，将成为汇聚人气、激活滨江活力的新焦点。“前置”指步道从建筑临江一侧跨越；“后置”是指步道从建筑腹地侧广场穿越，通过绕行建筑断点连通前后步道；“跨越”是指步道穿过建筑屋顶平面，以步行天桥、立体交通的方式，实现慢行道分流；“水上新建”是指在黄浦江浚浦线内新建栈桥，连通现状断断续续的高桩码头，使之成为可供游客可以近距离接触江面的亲水场所。

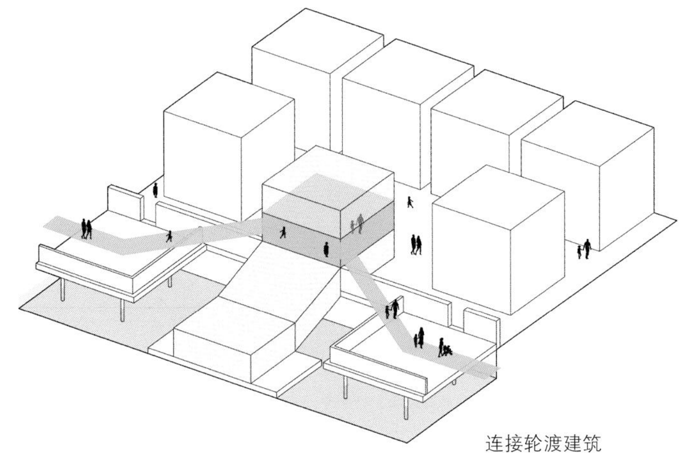

连接轮渡建筑

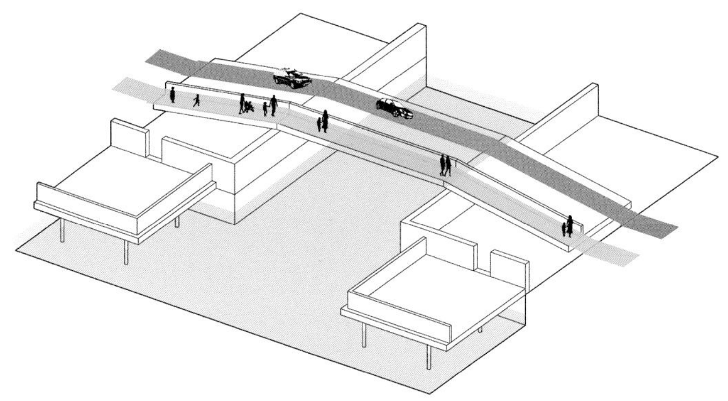

新建人行桥梁

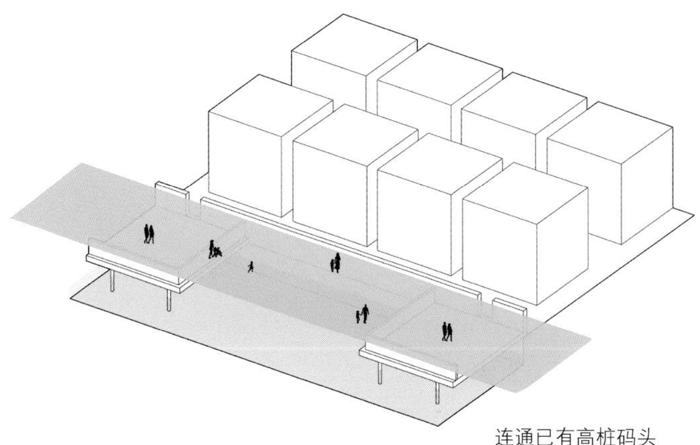

连通已有高桩码头

断点连通策略

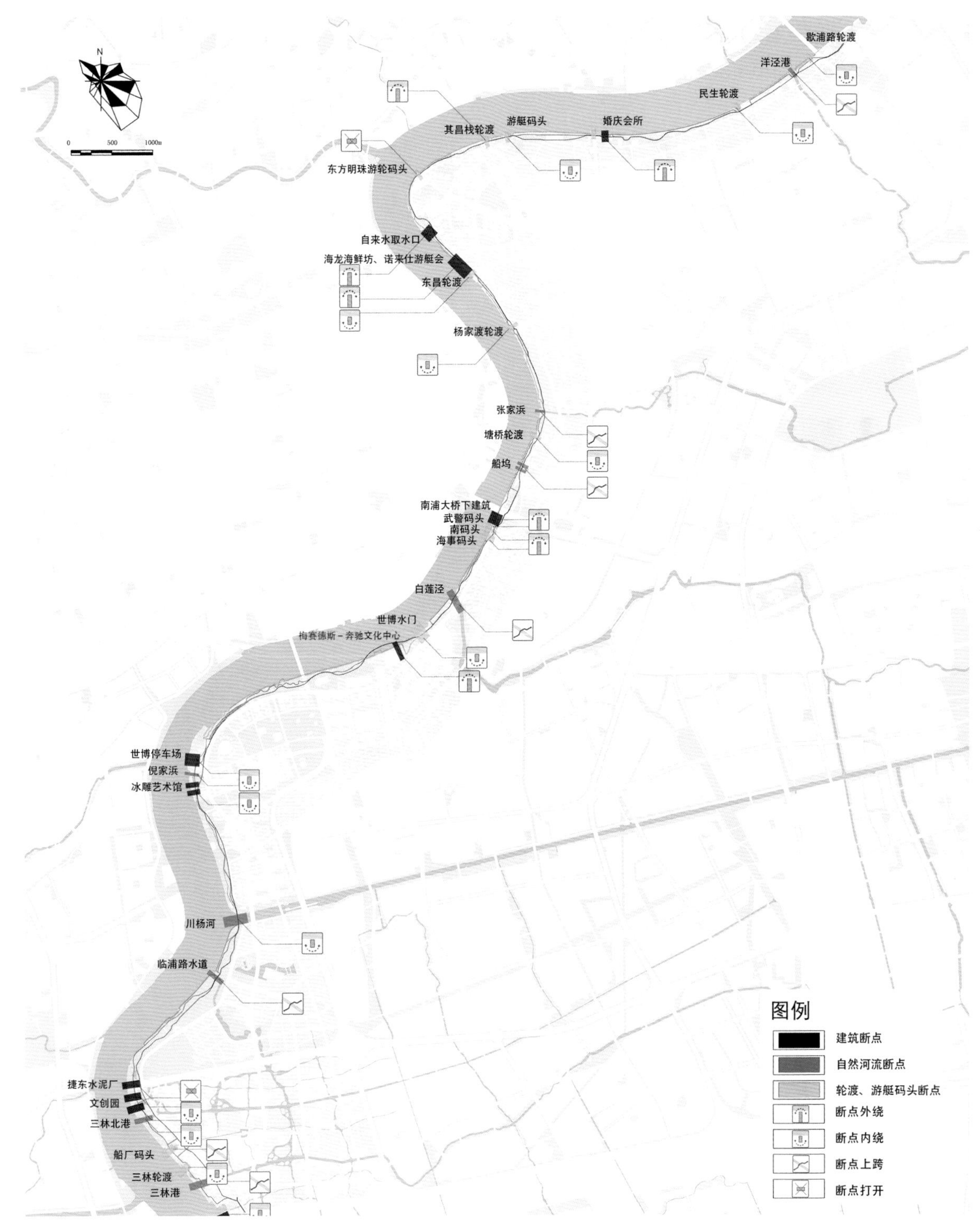
N
0 500 1000m
歇浦路轮渡
洋泾港
民生轮渡
婚庆会所
游艇码头
其昌栈轮渡
东方明珠游轮码头
自来水取水口
海龙海鲜坊、诺来仕游艇会
东昌轮渡
杨家渡轮渡
张家浜
塘桥轮渡
船坞
南浦大桥下建筑
武警码头
南码头
海事码头
白莲泾
世博水门
梅赛德斯－奔驰文化中心
世博停车场
倪家浜
冰雕艺术馆
川杨河
临浦路水道
捷东水泥厂
文创园
三林北港
船厂码头
三林轮渡
三林港
图例
建筑断点
自然河流断点
轮渡、游艇码头断点
断点外绕
断点内绕
断点上跨
断点打开

慢行网络及贯通策略

在贯通的前提下，为了保障滨水岸线的绿量，塑造怡人的滨水空间，将东岸原有的未利用的空间释放出来，借由设计与技术手段，滨江的消极空间的品质将得到大幅提升，其空间活力也将被激发。大桥下的空间因其可达性差、少人问津，往往属于消极的灰色空间，管理缺失则进一步加深其消极影响，导致桥下空间利用率低下。通过对桥下空间进行合理的景观设计、流线引导、绿化种植，恢复桥下的生态环境，合理的布置服务设施也可以让桥下的空间更为人性化，更具吸引力。在避免过多干预自然生态环境的前提下提升空间品质、更新自然环境，将现有断点变为联系城市与河岸的新焦点，22 公里的岸线因绿色、亲水而变得更加宜人。自然环境与人类活动平衡协调的理念，也为浦江东岸可持续发展打下坚实的基础。

安全弹性的滨水界面

浦江东岸是人与江面、人与自然亲近接触的界面。大量人群在滨水空间中聚集活动，往往存在着一定的安全隐患。结合防汛标准进行亲水性设计，增强滨水开放空间应对气候变化和极端汛情的弹性，才能在建设自然东岸的过程中平衡滨水界面的活力和安全性。

根据黄浦江东岸公共空间贯通规划设计导则，滨水岸线在贯通连续的前提下，需要通过浚浦线、高桩码头前沿线、防汛墙、桥墩边线与控制线等要素的控制保障人们在滨江公共空间的活动和水上活动的生态性与安全性。

防汛墙是诸多安全控制要素中最重要的保障设施。浦江东岸防汛墙工程的设计标准为千年一遇防洪标准，主要分为隐藏式防汛墙和直立式防汛墙两种。直立式防汛墙一般高于地坪标高，阻碍了通向江边的道路、遮挡了观江的视线、降低了滨江公共空间的亲水体验。

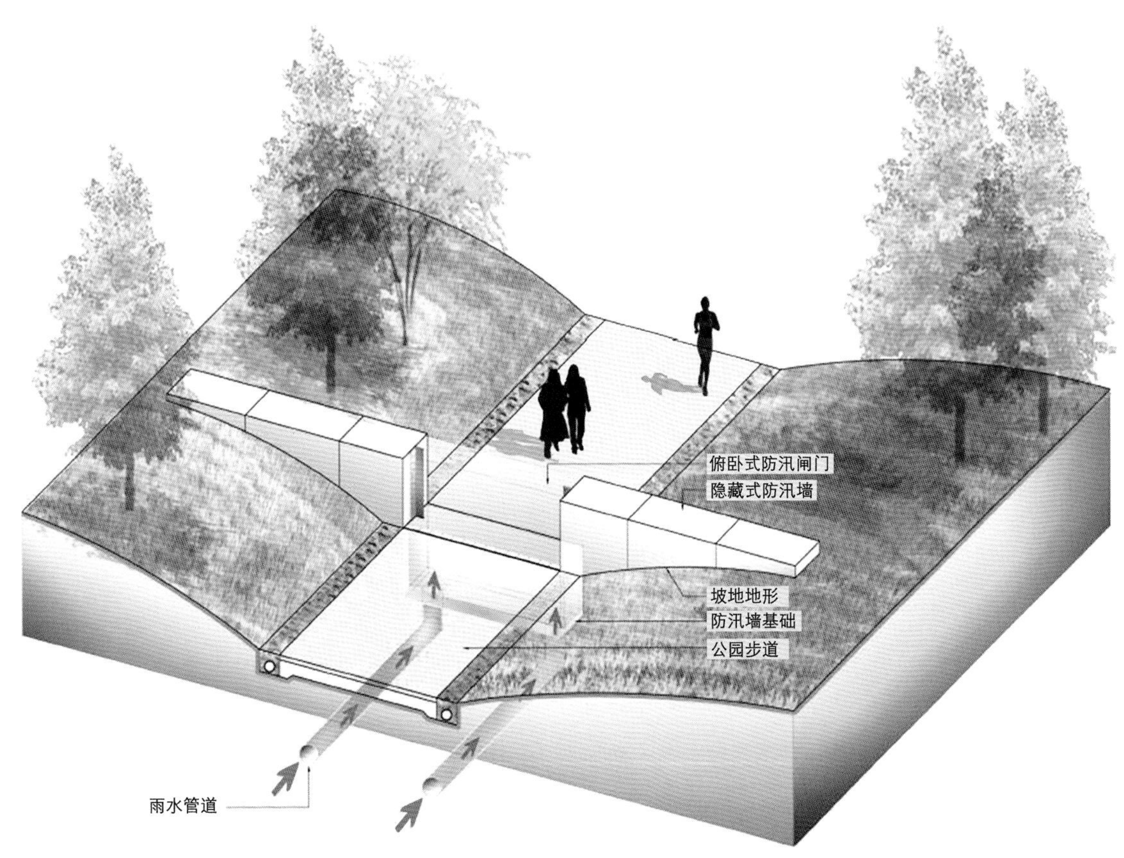

隐藏式防汛墙示意图

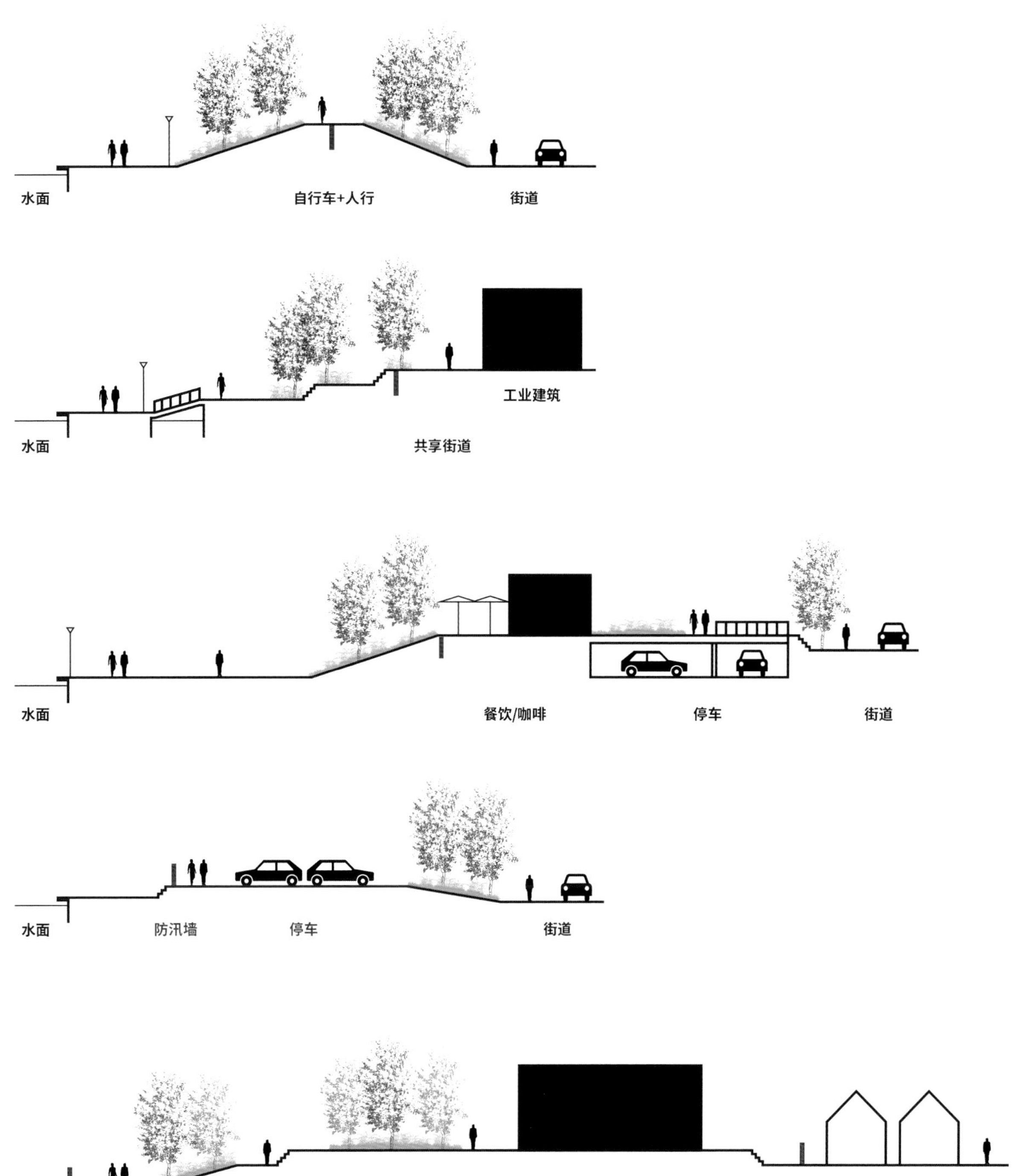
水面
自行车+人行
街道
工业建筑
水面
共享街道
水面
餐饮/咖啡
停车
街道
水面
防汛墙
停车
街道
水面
防汛墙
私人花园
新建筑
墙
老居住区
街道

滨江断面示意图

针对防汛墙的现状，规划将在保证防汛墙的防汛要求与连续性要求的前提下，对部分直立式防汛墙进行改造。通过抬高公共绿地的地坪标高，将直立式防汛墙埋于地面之下，成为隐藏式防汛墙，并将防汛墙顶上的空间作为防汛通道和跑步道之用。没了直立式防汛墙的阻挡，通江视线得以打开，游人可以直接到达江边，获得亲水体验。抬高的地坪与原有地面之间的空间，可以作为箱式停车区域，解决滨水公共空间及其周边地区的停车需求。直立式防汛墙每间隔一段距离设置一道防汛闸门，非汛期可开放闸门让人们通向江边。部分区域的直立式防汛墙也将进行艺术化处理，使其与滨江空间的艺术、文化、历史氛围更为契合，使贯通的滨江景观更为连续协调。

浦东有着大量连续的高桩码头，规划结合防汛与亲水的双重需要，保留了现状高桩码头，并通过景观设计将高桩码头进行更新，通过在高桩码头上增加绿化、座椅、照明等设施，提升高桩码头的景观性、实用性、安全性。

将安全要求与空间活力相平衡，使得滨江界面更为人性化，更加符合人们的日常活动需要。面对自然中的不确定因素，黄浦江东岸公共空间贯通规划设计以工程和设计的双重智慧为人们提供安全保障，让游客更加安心地亲近浦江，在关怀自然的同时更具人文关怀。

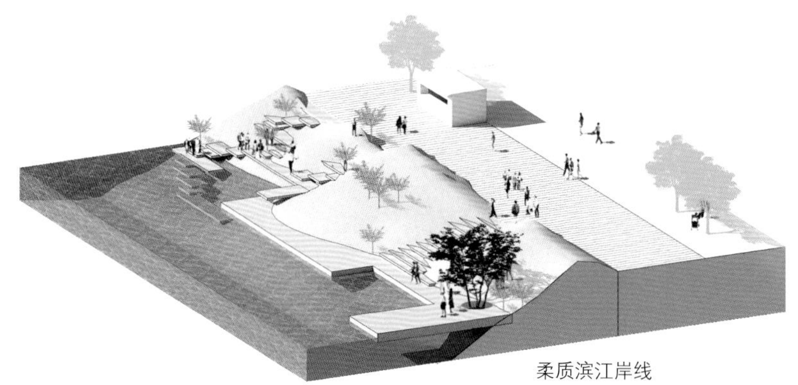

柔质滨江岸线

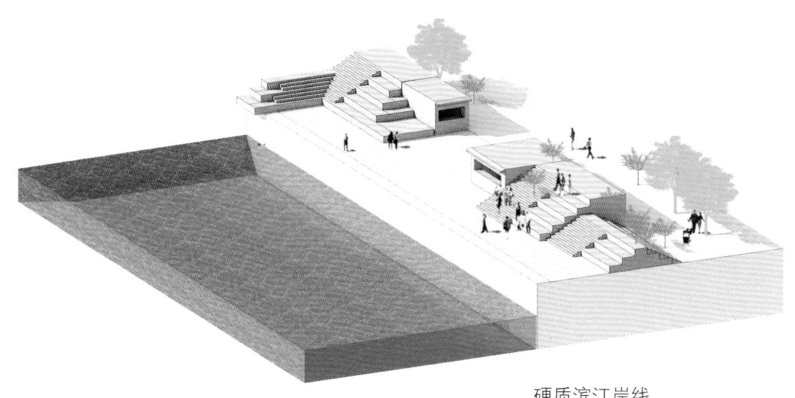

硬质滨江岸线

结合建筑的滨江岸线

滨江岸线示意图

水绿交融的生态格局

作为上海最重要的骨架水系，黄浦江的自然生态状况影响着上海的整体生态环境。确保东岸整体设计融入当地水网、自然绿地网络，构建水绿交融的生态格局，才能真正实现江岸与城市的环境的改善和可持续发展。

浦江东岸自杨浦大桥到徐浦大桥 22 公里的区段，沿线分布着大量的城市公园、绿地、种植区，串联形成一条中心城区最重要的生态廊道。浦江东岸的设计以保持自然肌理，强化水绿本底为首要目标，重塑浦江生态，在充分尊重浦江自然形成的湿地系统的基础上，利用河口、桥下等空间形成生态锚固点，保护滨江的自然驳岸，建立满足生物需要的多样生态空间体系；结合防汛堤的建设与改造，形成和自然环境相融合的滨水景观。通过滨江绿色种植和绿色基础设施建设优化滨江绿地系统，恢复和提升滨江生态环境。

生态廊道轴线沿线河网水系丰富，黄浦江及与之相连的洋泾港、张家浜、白莲泾、川杨河、倪家浜、小黄浦、三林北港、三林塘港等河道，共同形成完善的水网格局。八条自然伸展的水轴向垂直于黄浦江岸的方向延伸，深入浦东新区腹地，连通新区的所有水系。

除了水系的渗透，林荫道、带状公园、街旁绿地等将滨江的绿色生态廊道沿着道路网络延伸到浦东的腹地深处。由蓝色水系基底和绿色生态系统构成的水绿网络，连同水道两岸的生物群落网络，将东岸滨水空间与城市腹地紧密相连，将浦东转化为串联重要目的地的绿色水库，甚至向西延伸，重构直至太湖的景观体系。

以浦江东岸为核心，依托水绿基底向浦东新区全区辐射，将形成“一纵、三横、三环”的生态和道路格局。“一纵”指黄浦江，“三横”指张家浜、川杨河、大治河，“三环”则指包括内环（张家浜—洋泾港—黄浦江）、中环（川杨河—中环线—黄浦江）、外环（外环线—黄浦江）在内的所有区域。分布于“一纵、三横、三环”格局中的农田、林地、公园等，将共同编织浦东新区的自然生态全景。结合马拉松、骑行等一系列日常健身或比赛活动，形成适应不同需要的环形线路，浦东新区未来的游憩新格局将由此建构，浦东将成为上海中心城区游览休憩的新地标。

黄浦江东岸公共空间贯通规划设计将构建起浦东水绿交融的生态新格局，推进滨江与城市整体的环境改善和永续发展。不仅如此，融入当地自然网络中的滨江设计，也有助于营造人文氛围、激发城市活力，引导市民共同走向东岸新生活。

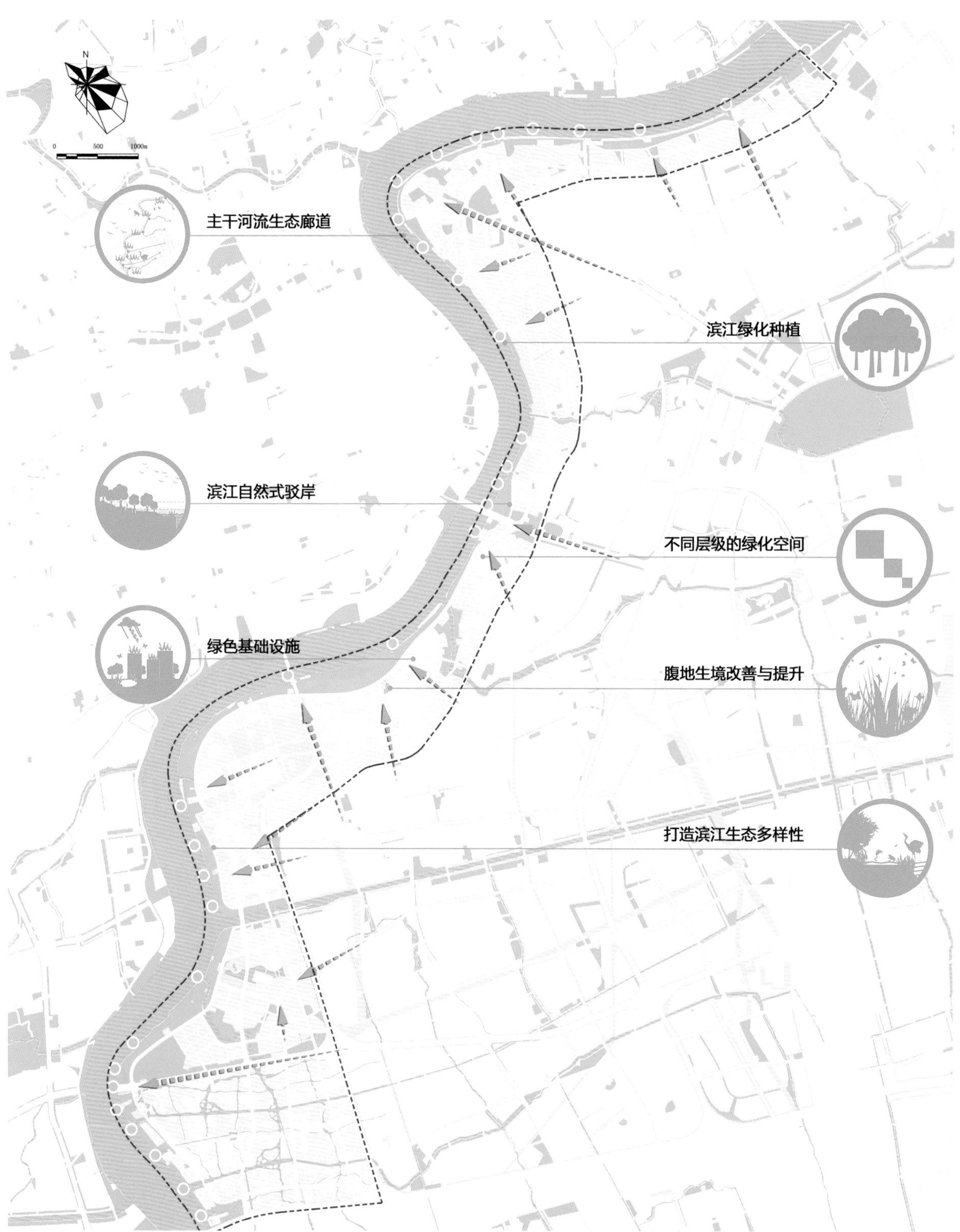
N
0
500
1000m
主干河流生态廊道
滨江绿化种植
滨江自然式驳岸
不同层级的绿化空间
绿色基础设施
腹地生境改善与提升
打造滨江生态多样性

生态提升策略

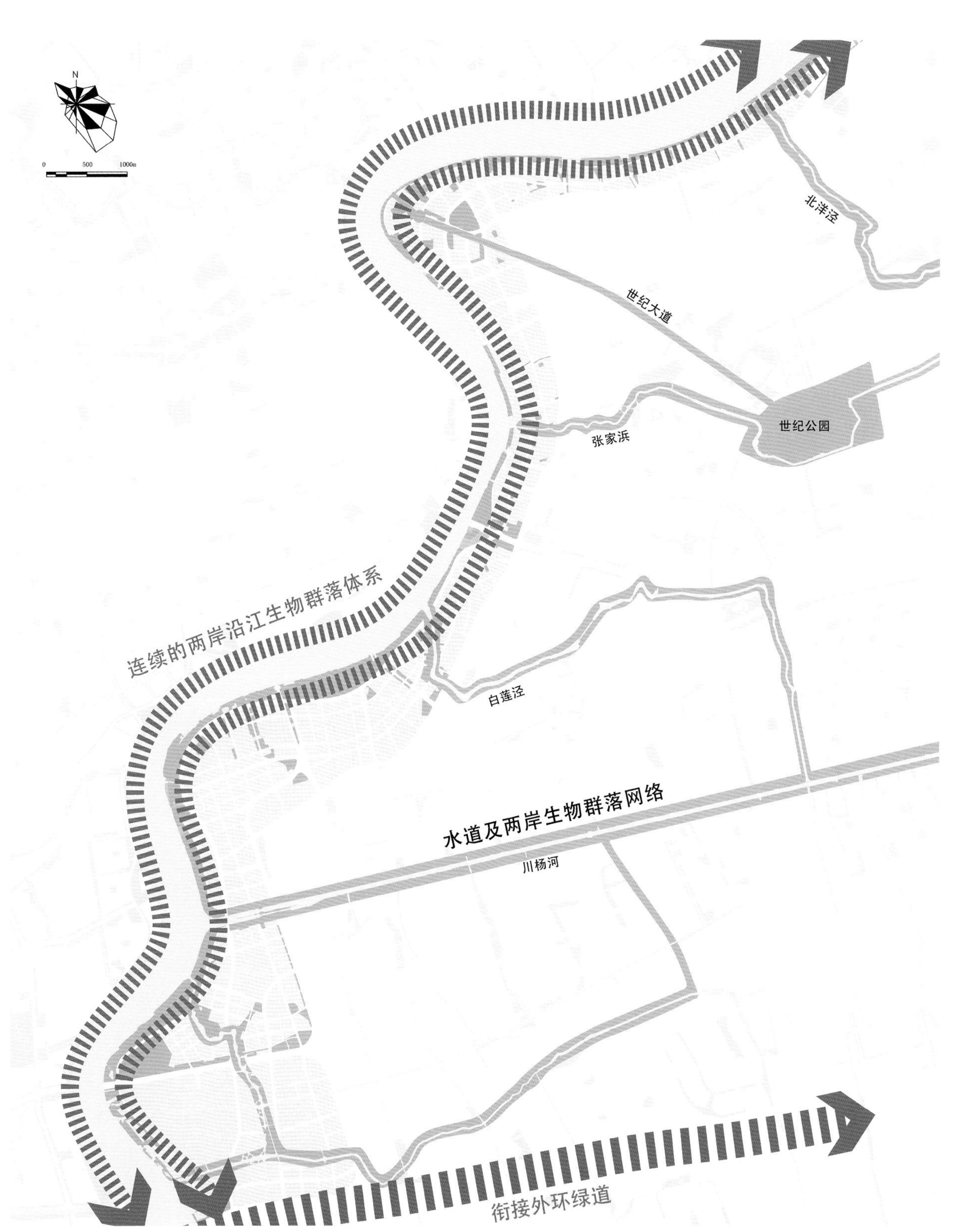
N
0 500 1000m
北洋泾
世纪大道
世纪公园
张家浜
连续的两岸沿江生物群落体系
白莲泾
水道及两岸生物群落网络
川杨河
衔接外环绿道

蓝绿网络格局

东岸
世界滨水城市空间的新实践
The East Bund
A New Experiment of Global
Waterfront Urban Space

美国
纽约城市与滨水区
纽约曼哈顿BIG U
纽约总督岛
纽约布鲁克林大桥
西雅图滨水区总体设计
芝加哥滨水区
旧金山滨水区
旧金山亨特角
泽西市滨水区

加拿大
多伦多中央滨水区

巴西
里约热内卢滨水区

哥伦比亚
麦德林滨水区

法国
巴黎城市与塞纳河
波尔多滨水区

英国
伦敦城市与泰晤士河

荷兰
阿姆斯特丹滨水区

西班牙
马德里滨水区

丹麦
哥本哈根滨水区

俄罗斯
莫斯科・莫斯科河

韩国
首尔清溪川

新加坡
滨海湾花园

中国
香港西九龙

澳大利亚
悉尼城市与滨水
悉尼Pyrmont海滨公园
墨尔本城市滨水区
昆士兰黄金海岸

东岸——世界滨水城市空间的新实践
The East Bund — A New Experiment of Global Waterfront Urban Space

城市滨水区是城市中最具价值和开发潜力的空间资源，对于提高城市环境质量、丰富地域风貌等方面具有极为重要的意义。滨水地区的发展，见证了一个城市的历史，它的建设演变关乎城市的兴衰。随着“以人为本”的价值回归，无论是功能、用地结构的调整，还是环境的更新改造，特色景观的塑造，滨水区的开发都极大地带动了城市经济、社会文化、环境等各方面的发展，滨水地区也逐渐成为重要的城市核心区域。它的贯通与开放，也是现代城市向人性化城市、文化城市、绿色城市转型的契机。

浦东新区黄浦江滨江开放空间的贯通设计，从活力、人文、自然三个方面切入，打造文化、生态、运动、产业的滨水集聚带，推动产业结构升级，打开封闭江岸，创造活力滨水开放空间，着力回归自然、修复环境，延续城市文脉，营造城市特色。浦江东岸在带领城市向着人性化、文化传承、绿色生态方面转型的同时，也将成为一处国际化、特色化、多元化的世界级滨水开放空间。

纵观世界其他国际大都市，其滨水区的更新开发多有相似之处，却又八仙过海各显神通。阅读世界城市的发展史，可以看到世界著名的城市大多临水而筑、依水而兴，其滨水地区经历了前工业化时代、工业化时代和后工业化时代，正向更加贴近自然、贴近市民生活的趋势发展。20 世纪下半叶以来，随着港口和滨水工业地区的衰退，北美和欧洲各国开始重建城市滨水区；到 20 世纪 80 年代，城市滨水区的开发与复兴成为世界性潮流和趋势。各大城市的滨水区改造，大多采用继承、调整、再生结合等设计方法，注重对用地功能进行重组和新功能的注入，包括休闲、运动、文化、餐饮、娱乐以及居住空间，为市民提供富有特色的、吸引人的公共活动平台。修复生态、保护并合理利用历史遗存建筑、滨水区整体景观设计，也是改造开发中关注的重点。

巴黎的塞纳河畔，以其古典浪漫的氛围和周边独特的街道路网布局成为世界上最为知名的滨水区之一，河道两侧不同时期不同风格的建筑见证着巴黎的历史进程。塞纳河畔的改造开发注重重组用地功能。这里曾经被工业、交通设施所充斥，而如今，西段雪铁龙汽车制造厂旧址已被改造成大型的城市公园，东段原先的铁路站场也转而用于国家图书馆的建设。塞纳河畔的捷运系统深入地下，发展出立体化的人车分流交通网络，为行人腾出更多的地面滨江公共活动空间。

纽约的曼哈顿河，多层次、高低错落的标志性滨水天际线为城市增添了独特的魅力。其改造工程，在进行功能重组、价格重估的过程中，还特别注重功能的复合，以增强地区活力。曼哈顿滨河开发巴特利滨河公园，提供了大型绿地和地理景观，而多层的地下建筑，则充分容纳停车场、商店、戏院、博物馆、运动场、餐厅和集会场地，体现“阳光下的大平台”这一土地使用概念，把商业、文化功能与绿地空间相结合。

伦敦泰晤士河，因其两岸重要的历史建筑和壮观的滨水景观而闻名。伦敦自 20 世纪 80 年代开始对泰晤士河沿岸空间进行改造，建造了千禧穹顶、金丝雀码头区和南岸的博物馆区，这些新空间带领伦敦进行产业转型，迈向创意城市。金丝雀码头原为英国的著名内港，后码头衰落，这里经过多年建设发展，形成一片金融聚集区。而在南岸博物馆区，正对着圣保罗大教堂的火力发电厂，1981 年停止运行后，利用发电厂的建筑改造成泰特现代艺术博物馆，成为享有盛名的艺术殿堂。

悉尼邻近港湾的岩石区，是悉尼市的发源地。这里曾是悉尼码头工人和装卸工人的聚集地，保留着许多悉尼开拓年代用地矿岩建成的老街，挤满了 19 世纪初建造的商店、仓库和排屋。在进行滨水区改造时，这些历史遗存被很好地保存下来，用作商店、酒馆、餐馆等旅游设施，其深厚的文化内涵和丰富的物质景观吸引了世界各地旅游者，商业、文化与社区等要素在这里交融。

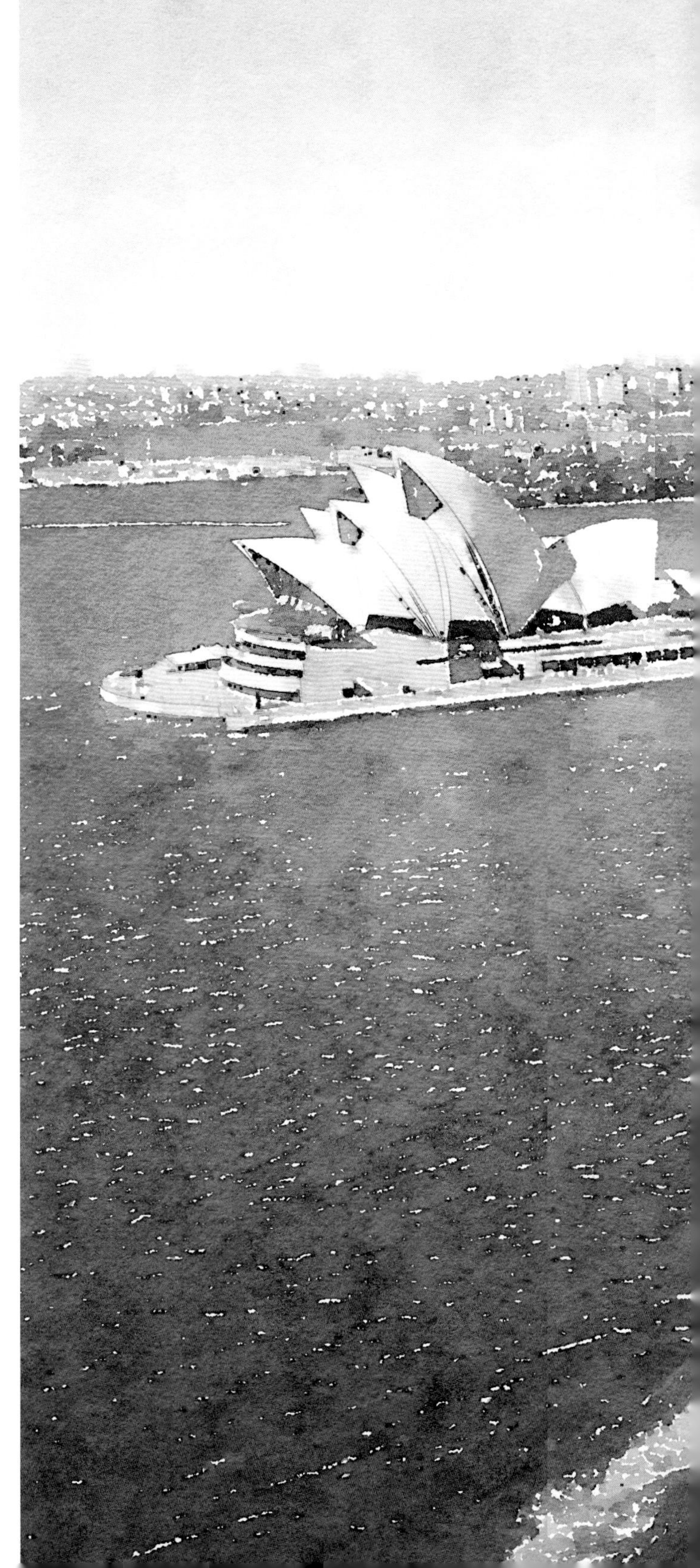

相比这些国际大都市的滨水区改造，浦江东岸开放空间的开发设计，在进行功能复合重组、历史文脉传承与视觉景观设计的同时，更加注重滨江空间的贯通开放和自然生态环境的格局构建。

浦江东岸 22 公里的滨江岸线，将贯穿由漫步道、跑步道、骑行道构成的慢行道路网络。慢行网络的建设，宛如为浦江东岸散落的珍珠般的重要空间节点串起丝线，连成一条蜿蜒绵长的项链。这条项链上，曾经的死结被一一解开，阻断滨江的封闭建筑将通过功能转换、打开围墙、拆除等多种方式使步道畅通；曾经的断口被有机连接，河道出入口将架起一座座云桥，接通河岸；新的珍珠也将在此过程中被嵌入，形成浦江东岸的新亮点。滨江的步道网络以相对统一的尺度和功能设计将 22 公里岸线整合起来；与沿线的公共空间节点相结合，它既是便于市民在滨江自在漫步的主干道，也是可以驻足休憩、游玩、聚集交往的公共空间。在步道的贯通之余，利用灯塔观景台等打造沿江视觉焦点，形成核心、统一的景观标识，也把漫长的江岸连成一个整体，美轮美奂，流光溢彩。

有机缤纷的慢行步道和景观标识并不意味着滨江空间的功能单一，相反，开放的公共空间将带来多元的人群和多元的公共活动。与世界其他城市的滨水区相似，浦江东岸将容纳多种复合功能的空间，提供多种服务配套设施，以满足不同人群的需求。不同的是，浦江东岸更加注重户外的开放的公共活动，更加强调活动与周边环境的融合。商业活动似乎退居次位，与周边自然生态、人文遗存相联系的滨江探索活动将成为东岸漫步的一大乐趣，运动健身更是成为重点。从步道的布局设计开始，运动健身便成为滨江空间的重要功能，景观优美的全景跑步道贯穿滨江，健身器材、更衣室、餐饮补给等配套设施分布于沿江各处，为跑步者、健身者提供了良好的锻炼环境。追求健康的理念融入滨江活动，既是对现代人生活需求的回应，也是对滨江自然环境的积极利用。

相比于世界其他城市，上海黄浦江两岸拥有相对优越的自然资源，湿地、绿地、公园等多种绿化形式分布在沿江各地。东岸的贯通设计以“自然东岸”作为三大原则之一，发挥其绿色生态资源优势，整合沿江植被覆盖区域打造绿色岸线。利用水上走廊等方式串联步道网络，既不过多影响自然环境，又让游客更加亲近自然，让滨江空间更加亲水宜人。东岸的整体设计，着重考虑当地水网、自然绿地网络等因素，利用水系和道路植栽连通腹地绿色环境，融入当地水网和自然绿地网络，构建水绿交融的生态格局，成为城市自然环境的重要界面和节点，真正实现江岸与城市的环境改善和永续发展。

借鉴国际大都市滨水区改造的经验，结合自身资源优势和城市特色，浦江东岸开放空间的贯通设计，不仅在空间上连通滨江节点，在视觉上统一滨江景观，更在激发滨江的丰富活力，传承滨江的历史文脉，保护滨江的自然资源，在功能上对滨江空间进行优化和重塑，带动滨江的产业结构升级。这一国际化、特色化、多元化的世界级滨水开放空间，将成为上海绿色开放的引领区、历史文化的展示区、市民活动的集聚区、中外游客互动的体验区和上海的创新发展的示范区。

滨水区由于其所在的特殊空间地段，具有城市门户和窗口的作用，许多滨水景观本身就是城市的标志和形象。当浦江东岸的美好蓝图日渐成为现实，上海这座城市也将随之更加人性化，更具人文历史感，更加亲水透绿。黄浦江作为上海的母亲河，将这座城市的过去与现在，自然与人文紧紧联系在一起，也将带领这座城市，走向更加美好的未来。

致谢 Acknowledgement

从黄浦江东岸贯通方案的总体设计，到导则体系、具体的建筑和绿化景观工程设计，均离不开国内外诸多设计事务所和设计师坚持品质、夜以继日的不懈努力。特此鸣谢：

上海市城市规划设计研究院
上海市园林设计研究总院有限公司
华东建筑集团股份有限公司
上海市城市建设设计研究总院（集团）有限公司
上海市政工程设计研究总院（集团）有限公司
上海市园林科学规划研究院
AGENCE TER 法国 TER（岱禾）景观设计和城市规划事务所
West 8 Urban Design & Landscape Architecture b. v.
荷兰开浦建筑设计咨询（上海）有限公司（KCAP）
铿晓设计咨询（上海）有限公司（HASSELL）
美国 Terrain studion 景观设计事务所
DLC 地茂景观设计咨询（上海）有限公司
雅克 · 费尔叶（JFA）建筑设计事务所
艾意康（AECOM）环境规划设计（上海）有限公司
刘宇扬建筑设计顾问（上海）有限公司
上海大舍建筑设计事务所
上海高目建筑设计咨询有限公司
上海阿科米星建筑设计事务所有限公司
上海山水秀建筑设计事务所
上海致正建筑设计有限公司
上海原作建筑规划设计有限公司
同济大学建筑设计研究院（集团）有限公司
上海浦东建筑设计研究院有限公司
中交水运规划设计研究院有限公司
上海亦境建筑景观设计有限公司
上海经纬建筑规划设计研究院股份有限公司
华东师范大学生态与环境科学学院
OMA（大都会建筑事务所）
株式会社日建设计 NIKKEN SEKKEI LTD
有限会社安田工作室 YASUDA ATELIER
urbaneer 都市工作群
和作结构建筑研究所
十聿（上海）照明设计咨询有限公司

周源、黄伟国、程玉玲、陆彦韬、秦战、吕喆等提供了现场照片，在此也一并致谢。编辑出版工作中，如有遗漏或未尽之处，敬请谅解。

图书在版编目（CIP）数据

东岸漫步：黄浦江东岸公共空间贯通开放建设规划 / 上海市黄浦江两岸综合开发浦东新区领导小组办公室，上海市城市规划设计研究院，上海东岸投资（集团）有限公司主编 . -- 上海：同济大学出版社，2017.10

ISBN 978-7-5608-6747-2

Ⅰ . ①东… Ⅱ . ①上… ②上… ③上… Ⅲ . ①城市空间 – 空间规划 – 研究 – 上海 Ⅳ . ① TU984.251

中国版本图书馆 CIP 数据核字（2017）第 011791 号

东岸漫步

东来漫城

东岸漫步

黄浦江东岸公共空间贯通开放建设规划

上海市黄浦江两岸综合开发浦东新区领导小组办公室
上海市城市规划设计研究院 主编
上海东岸投资（集团）有限公司

出 品 人 华春荣

责任编辑 江 岱 由爱华 责任校对 徐春莲 装帧设计 张 微

出版发行 同济大学出版社 www.tongjipress.com.cn
（地址：上海四平路 1239 号 邮编：200092 电话：021–65985622）
经 销 全国各地新华书店
印 刷 上海雅昌艺术印刷有限公司
开 本 787mm×1092mm 1/12
印 张 30.5
印 数 1—2 100
字 数 580 000
版 次 2017 年 10 月第 1 版 2017 年 10 月第 1 次印刷
书 号 ISBN 978-7-5608-6747-2
定 价 280.00 元